独处

一个人时的思考

周小博◎编著

中国纺织出版社有限公司

内 容 提 要

人的成长过程，就是一个自我了解、不断认知的过程。从一开始亦步亦趋地学习，到后来独立思考走进自己的灵魂深处，独处是最必不可少的环节。

本书从独处的妙处入手，告诫我们如何在独处中探究和发现自己，并掌握独处的要义。有一天，我们真正与世界独处的时候，你才能成为你自己，你眼中的世界将变得更加宽广，而你最终也会在独处中实现完美蜕变。

图书在版编目（CIP）数据

独处：一个人时的思考／周小博编著. --北京：中国纺织出版社有限公司，2020.1（2023.7重印）

ISBN 978-7-5180-6855-5

Ⅰ.①独… Ⅱ.①周… Ⅲ.①人生哲学—通俗读物 Ⅳ.①B821-49

中国版本图书馆CIP数据核字（2019）第229704号

责任编辑：李　杨　　特约校对：韩雪丽　　责任印制：储志伟

中国纺织出版社有限公司出版发行

地址：北京市朝阳区百子湾东里A407号楼　邮政编码：100124

销售电话：010-67004422　传真：010-87155801

http://www.c-textilep.com

中国纺织出版社天猫旗舰店

官方微博http://weibo.com/2119887771

北京兰星球彩色印刷有限公司印刷　　各地新华书店经销

2020年1月第1版　2023年7月第3次印刷

开本：880×1230　1/32　印张：6

字数：114千字　定价：39.80元

前言

我们在孩提时代，长辈们就教育我们见到熟人要打招呼，这是与人交往的第一步，而进入学校，我们又被教导要团结同学，毕业后再被教导要与同事搞好关系、与上司联络感情等，甚至还要遵循“客户是上帝”的行事准则……我们已经学了太多的社交技巧，当然，这些很有用，但似乎从未有人教过我们如何与自己相处——独处，我们也未曾听说过独处的重要性，以及如何与自己的内心对话、如何认识自己的内心、倾听自己的想法、如何享受独处等。然而，我们必须承认的一点是，我们最需要学会的就是独处能力。

在如今人际交往能力被人们学习的现代社会，我们并不缺乏社交能力，缺乏的是独处能力。因为，谁也不可能永远陪伴我们，正如佛教经典《佛说无量寿经》中所说：“人在世间，爱欲之中，独生独死，独去独来。”古往今来，谁又能逃避独孤的命运呢？我们谁又不是孤独地来，孤独地走呢？

所以说，我们每个人都应该学会与自己相处，独处，纵然孤独难耐，仍是我们每个人都避不开的人生话题。

你看，梭罗一个人在瓦尔登湖生活，在大自然中找到生活的真谛，写出了最棒的《瓦尔登湖》。他说：“我爱独处，我从来没有发现比独处更好的伙伴。在多数情况下，我们外出，到人们中间去时，比待在自己的屋子里更为孤独。”

徐静蕾在鲁豫的访谈里面说，当她独处时，她从不无聊，永远有做不完的趣事，非常享受一个人的生活，不会无所事事也不会感到焦虑。想来这是活得最明白的状态。

当你发现你越来越享受自己一个人的时光，可以毫不费力地把一个人的时间安排得充实满满的时候，你就离真正的自由又近了一点。

提到孤独，似乎人们总是避之不及，因为他们害怕独处，只要有时间，他们要么与朋友聚在一起，要么推杯换盏、觥筹交错，要么拿起手机翻找通讯录，希望找到可以与他们说话和陪伴他们的人，要么在娱乐场所寻找精神慰藉，生怕一个不小心，他们就被世界遗忘……他们喜欢吸引别人的注意力，喜欢自我表现，害怕不被关注和认可，喜欢刷存在感……当孤独来临时，他们无力面对，唯有逃避。

还有一些人，他们在独处时从不感到孤独和寂寞，因为他们认可一个事实：我们唯有在独处时才能实现与自己的心灵对话，才能积累实力，实现自我成长。在与孤独的对抗中，他们没有迷失自我，而是成功突围，并最终锻炼了自己的意志、实现自我极限的突破，并且，他们能把日子过得从容淡定，像诗一样隽永。

很明显，我们都想成为第二种人，而要实现这种转变，首先就要下定决心，不再逃避孤独，试着学习独处。

独处，是一种与自己的心灵交流和对话的艺术；独处，能将你带入一个完全不同的世界，这个世界与外界所给予我们的物质满足、他人的爱是完全不同的，这是来自心灵的真正的充盈，让你体验到真正的快乐。现在，你也许会好奇，该如何独处，而这就是本书编写的初衷。

本书是一本温情心灵读物，旨在帮助行走于尘世中的人们找到让心安宁和快乐的全部秘密——独处，同时，对独处者提供必要的帮助和支持。当你真的学会与自己相处时，你就可以在独处中尽情放飞想象的翅膀，享受思考的快乐。那么，无论是你的能力、思考力还是实力，都会得到一个质的提升，你的人生将从此开启新的篇章。

作者

2019年8月

目录

第1章

漫漫人生，我们最应该学会的是和自己相处

尘世中的人们，都是凡夫俗子，都免不了与人接触。我们都生活在一定的集体中，都要与人相处，很多时候，人们宁愿面对别人，也不愿单独面对自己。其实，漫漫人生，没有谁会始终陪伴我们，我们一辈子与之相处的还是自己，那些真正快乐的人也往往懂得怎样去开发自己的生活快乐源泉，会在寂寞的时候给自己安排一片只属于自己的小天地。所以我们要特别珍惜独处的光阴，要学会享受寂寞赐予我们的礼物，在喧闹的尘世生活中，不论何时，我们都要努力寻找一些悠闲的时光，用于独处，此时你暂放自己的尘心，悉心感受一下心灵的自由与成长。

什么是独处

最近，在网络上流行一个问题：为什么有些人开车到家后会独自坐在车里发呆？对此，一些网友认为，因为打开车门的一瞬间是个临界点，打开车门就要面对烦琐的生活、柴米油盐，是父母的孩子，是孩子的父母，但唯独不是自己，而在车上静静地发呆，这个躯体就属于自己。

这是个简单的问题，但从这个问题，我们也足以看到现代社会的人们对于独处是多么渴望，那么，什么是独处呢？

不少人认为，独处不就是远离人群，一个人待着嘛，其实不然，在牛津词典中，将独处（solitude）定义为：个体独自一人、没有与他人进行交流的客观状态。

心理学家Kosh给独处下的定义是这样的："在特定的时间空间内，与别人没有直接来往时，开放、自在、觉悟的心态。"他的意思是，独处并不是形式上的与他人进行空间隔离，而是一种破除外界屏障的一种心理状态。独处的意义在于开放觉悟自在的状态，而不是孤单寂寞冷、负能量爆棚的一人蜗居。

对此，也有心理学家进一步指出，只有当个体与他人在各个层面都不存在交往时才能视为独处。所以，独处并非只是

“个体独自一人”的状态，而是指个体没有社会互动的一种状态。换句话说，独处既可以表现为独自一人的状态，如独自一人在房里读书；当身处于人群之中，只要没有社会互动亦可称为独处，如在图书馆或自习室内独自地读书或是思考问题也可算作独处。

对于我们普通人来说，独处是对自我身心的一种调整，是一种处世的态度，更是一种独立人格的体现。因为我们来到这个世界上，长大成人，就是要成为独立的自我，而不是他人的附属品。

可见，“独处”并不等同于“孤独”，由于外在表现和内心体现的相似，人们常常混淆这两个词的概念。孤独是指个体渴望人际交往与亲密关系却得不到满足时的一种不愉快的体验。独处中的人可能不快乐，也可能是快乐的。由于独处的人“动机”不同，所以产生的情绪体验也不同。

例如在失恋后，想远离人群，一个人安静一段时间，以此来抚平感情中的创伤，并对未来进行更好的规划；抑或是每天在嘈杂的环境中待久了，想要享受此刻属于自己的静谧时光放松心情。不论是哪种情况，独处都是对自己内心的一次提炼，抛掉浮沉，只享受当下的这个时刻。因为当我们从稚嫩蜕变出来，就背负了越来越多的责任，无论愿不愿意，你都要将这副烂牌打成一手好牌。你不再是自己，时间被亲人、工作、朋友、熟人瓜分，直到某一天，你忙完所有的事情，一个人坐在位置上发呆，你才发现，原来学会独处是成年人让生活慢下来的唯一方法。独处才是生活中最好的奢侈品。

有人说长大了就不快乐，因为越长大越孤单，其实并不是长大了孤单，而是我们不懂得调适自己。事实上，我们大部分人都感觉到累，因为我们马不停蹄地奔跑，甚至忽视了自己。例如，在工作中，你努力上进、提升业绩，希望得到认可；每天上下班三点一线，没任何变化，回家后做饭、吃饭、追剧，偶尔和朋友小聚……工作、家庭和社交，似乎成了我们的一个个战场，你将自己活成了一个超人，你是孩子的父母，是朋友的知己，是爱人的伴侣，但唯独不是你自己，曾几何时，你也想暂时抛下这些烦恼，来一场说走就走的旅行，但现在的你，依然按部就班地工作和生活，其实，当你累了，你可以选择独处，将内心的烦恼、压力都倒空，然后遇见崭新的自己。

我们应该保持一个良好的习惯，每天给自己一点时间独处，其实，独处很简单，你可以在楼下的花园散散步，看孩童嬉戏；可以一个人看一场电影、喝一杯咖啡，看一小时的书籍，也可以练瑜伽，这个时候你才是真正地放下，一个人越是有许多的事情能够放下，越是富有。

我们每个人，只有跟自己相处的时候，才能听到自己内心的声音，我们看厌了平日里的世事纷争，我们需要忙里偷闲，让自己关掉和这个世界衔接的开关，这个时候自己不再刻意说什么、做什么，这样才能活成自己，其实，所谓活成自己，不过如此简单。每天留点时间，与风景、音乐、空气、轻风相处，不负时光，不负自己。

孤单，是一个人的狂欢

生活中的你，随着年龄的增长，是否有这样的感觉：以前觉得一个人吃饭逛街很难为情，但现在却无比享受；如果有人打电话约你，你宁愿拒绝，你不喜欢呼朋唤友、推杯换盏。你可能会纳闷，也许会感叹，大概是真的老了吧……其实，这种宁愿“孤单”的心理状态，就是认识到了独处的妙处。正如那句话说的“孤单是一个人的狂欢，狂欢是一群人的孤单”。这句话可理解为：真正的孤独是一种真实的自我，想自己所想，做自己所做。也许内心忧郁却并不空虚，是一种自我和本我的狂欢。而空虚的人，害怕孤独，一刻也静不下来，只能在与人交往和“狂欢”中忘却自我、麻痹自我。

这里的“孤单”与“狂欢”有反向思维的意境，包含朴素、朦胧的哲学理念。如果一个人的心态良好，即使孤单，也能把它当作一种自我的完全释放；而一个心态处于低潮的人，即使他被欢乐包围，却依然会感到莫名的孤单。

的确，一个人独处的时候多了，有时就宁愿一个人，做自己喜欢的事，而独处的此时此刻，或许正是沉浸在一场放荡不羁的思想“狂欢”之中……其实，这也是成熟的标志之一——越来越享受独处。

刘女士开了一家公司，很多事都需要她亲力亲为，大到公司发展规划的制订，小到公司的财务问题。更让刘女士感到心累的是，她几乎每天都要应酬客户，于是，不停地吃饭、喝酒、谈判，让她感到厌烦，甚至恐惧。

有一段时间，她的胃病犯了，医生建议她不要在外面吃饭，于是，她决定给自己放一个星期的假，调理下身体。

这一周，她开车回到农村的老家。

老家是个静谧的地方，清早起来，她听着潺潺的流水声、空谷中鸟儿的啼叫、呼吸着新鲜的空气，那些所谓的客户、订单、酒桌等都抛到脑后的感觉真好。

从那次以后，刘女士每周都会花上半天时间来自己的“秘密基地”调节一下自己的心情。偶尔，她也会带上好茶，坐在河边，什么都不想，就一个人，什么都不做，她很享受这样的寂寞。

的确，生活中，很多人都和刘女士一样，因为工作、因为生活，不得不四处奔波，硬着头皮在喧嚣的尘世中闯荡，长时间下来，他们疲惫不堪、精神紧张，却不知如何调节。其实，如果我们能挤出一点时间独处的话，享受孤单的乐趣，那么，我们的心情也会得到舒缓。

有句话叫“平日越热闹，独处越重要。生活越慌乱，独处越困难”。的确，每个人都只能陪你走过一段路，没有人可以真的陪你一辈子。其实独处并非孤独，更不是别人眼中的凄凉。有时候我们选择一个人去做一些事，并不是因为没有朋友陪伴，而是更遵从自己内心的喜好，更喜欢自我对话、自我了解的过程。

当你真的找到自己的节奏，你会发现从独处中得到的内心喜悦，并不比从众人热闹中得到得少。

一个人安静地待着的时候，更容易想明白一些道理，你会发现其实对于某些决定你并非需要别人的意见，你会发现对于某些事情，你内心深处早就有了答案。

其实，和任何人倾诉都不比与自我对话来得更彻底、更清醒、更舒服。每个人都有自己的生活，读懂自己比表达自己更重要。

有人说，我们的一生需要学会很多技能，如何在孤单中狂欢似乎也是重要的生存技能之一。因为真实的灵魂自由都是在独处中完成的。其实，细细想来，绝大部分人都在逃避和摆脱孤单，都希望被众星捧月，都希望欢歌笑语，但我们更要明白的是，孤独才是人生的常态，相比学会与他人相处，我们更需要学会的是如何与自己相处。所以，孤单并不是一件坏事，我们每个人也都拥有孤单的权利，孤单更是一个人的狂欢，可以让思想天马行空，可以让举止无拘无束，可以让言语无所顾忌，可以让行为回归自然。享受孤单，才能摆脱世俗的羁绊，才能找到真实的自我，甚至一幅传世画作、一曲美妙旋律、一首隽永诗词、一个奇思妙想、一篇惊骇文章，都有可能是孤单之后的杰出之作。

不必害怕孤独，孤独才是人生的常态

我们都知道，人是群居动物，我们都生活在一定的集体中，我们的一生，也不可能脱离他人而存在，即便如此，我们也常常感到孤独。不知道你是否曾有以下体验：闲下来的时候，你发现自己好像不曾被人真正理解过，你的确有很多朋友，但是相识满天下，知己能几人？谁又能永远陪伴我们呢？大概真的没有，我们一人来到这个世界上，又一个人走，的确，在很长时间里，在人群中前拥后抱、热热闹闹，让人误以为这就是生活的常态，其实，孤独才是人生永恒的状态，正如作家饶雪漫说的："不要害怕孤独。后来你会发现，人生中有很多美好难忘的时光，大抵都是与自己独处之时。"

的确，不管我们与别人如何交集交织，我们一辈子与之相处最多的还是自己。所以，我们要学会接受孤独，并学会和自己好好相处。

随着年龄的增长，现在的我更喜欢独处，还记得几年前，一下班我最喜欢的就是叫上朋友下馆子，喝酒吹牛。现在，我更喜欢泡在图书馆，越读书，越发现自己的无知，读得越多，学到的就越多，有专业技能上的，有人生感悟上的，有风土人情，有幽默智慧，我很享受阅读的过程。有时候，我回去的时候都已经10点，路上行人逐渐少了，当风从耳边吹过，我觉得内心十分安宁，和我一起工作很多年的同事，都说我现在变了很多，变得成熟稳重了，也更愿意信任我了。

英国作家汤玛斯说：“书籍超越了时间的藩篱，它可以把我们从狭窄的目前，延伸到过去和未来。”的确，书籍记录了太多伟大的思想，在读书的过程中，我们能实现自我提升，我们能探索很多我们未曾涉及的领域，我们更能从书籍中找到心灵的导师，从而看清自己、走出狭隘，最终实现丰富自我、提升涵养的目的。

哲人曾说，真正的勇士能享受孤独，这是丰富自我内涵的过程，那些能享受孤独的人，未必多有知识，但一定能种好一盆花、认真读完一本书、煲好一锅汤，甚至是照料受伤的小动物等，而这一切远胜于在饭桌上推杯换盏，在酒吧虚度人生。他们能保持自我，对外界的变化保持坚定的自我认识，并且能专注于自我充实、提升自我。

的确，人在独处时往往能让心安静下来，让思想尽情地遨游，能思考很多事情，进而做出最明智的决定，这大概就是独处的妙处。

不得不说，几乎所有长辈都在教我们如何合群，如何与别人沟通，却没有人告诉我们孤独才是生命的本质。

然而，城市那么大，扰乱我们心绪的因素太多，对此，我们要懂得调节：

1.爱自己，关注自己的生活

2.阅读是独处的良方

读书是一种心与书的交流，也是自我反省的过程，更能让浮躁的心归于平静，让自己保持一份纯净而又向上的心态。

3.珍惜身边的人

无论你喜不喜欢对方，都不要用语言伤害对方，而应该尽量迂回表达。

4.静心思考，排除心灵的垃圾

每天你都要抽点时间让自己独处，学会静心思考，排除心灵的垃圾，这样，每天你都能以全新的心态和精神面貌面对工作与生活，减轻压力，降低欲望，也能获得更多的机会。

5.情绪不佳时，先尝试让自己平静下来

你可以尝试的方法有很多，如喝水、放松和听舒缓的音乐，然后回想周围的人和事，对未来可以慢慢地梳理，既是一种休息，也是一种冷静的思考。

6.和自己比较，不和别人争

和他人比较，只会产生嫉妒心理。你要相信，你就是你自己，只要你认真和努力去做，你也能进步，达成自己的目标。

7.热爱生活

我们要认识到，每一天都是新的，都是充满新鲜血液的，都是阳光，为此，我们要热爱生命、热爱生活。

8.从容面对生活

无论发生什么，我们都要以一颗坦然的心面对，这样，你的人生会更精彩。

总之，每天保持乐观的心态，如果遇到烦心事，要学会哄自己开心，让自己坚强自信，只有保持良好的心态，才能让自己心情愉快！

喧嚣尘世，留一份宁静给自己

有人说，生命就像一艘船，穿过一个个春秋，经历风风雨雨，才驶向宁静的港湾。然而，喧嚣尘世中的人们，习惯了呼朋唤友、三五成群甚至是灯红酒绿的生活，他们很难安静下来，一旦独处，会显得手足无措，不知如何排遣，有人说，孤寂是吞噬生命和美丽的沼泽地。其实不然，孤独是让内心安静下来的绝佳方法，正如白落梅在《你若安好，便是晴天》中所说："真正的平静，不是避开车马喧嚣，而是在心中修篱种菊。尽管如流往事，每一天都涛声依旧，只要我们消除执念，便寂静安然。如果可以，请让我预支一段如莲的时光，哪怕将来有一天加倍偿还。这个雨季会在何时停歇，无从知晓。但我知道。"可以说，每当安静下来的时候，我们更容易触摸自己的心灵。

事实上，那些真正心静的人，崇尚简单的生活，极少抛头露面，换来的是对人生、对社会的宽容、不苛求和心灵的清净；他们像秋叶一样静美，淡淡地来，淡淡地去，给人以宁静，给人以淡淡的欲望，活得简单而有韵味。

南宋僧人曾做一偈：“身是菩提树，心如明镜台。时时勤拂拭，勿使惹尘埃。”实际上，任何人，行走于世的时间长了，他的身心难免沾染上尘世中的尘埃，如果不停下来好好清理自己的心灵，那么，我们的心很容易堆满灰尘。我们身边有很多洒脱、快乐的人，他们的共同特质在于，无论外界多么嘈杂，他们总会在自己的心底留一片净土。

有一段时间，艾玛的生活简直一团糟糕。在生活中，她70多岁的老妈妈生病住院了，而且她5岁的女儿也得了肺炎住院了；在工作上，因为助理的疏忽，她的一个建筑设计方案涉嫌剽窃，被另外一家公司的负责人起诉，不日就将开庭；对于自己，可能是因为人到中年吧，总是觉得精力不济、神思涣散，不管干什么事情，都打不起精神来，因此只能一日一日地强撑着熬过去。

一个偶然的机会，艾玛认识了一位作家，跟作家相处几次，她学会了独处，尤其是夜深人静的时候，她会暂时与孩子和家人分开，在书房里静静地待一会儿，戴上耳机，靠在书房的椅子上，躺着躺着就能睡着。她发现，时间一长，很多问题似乎都变得明朗，自己也精神抖擞起来，对于自己遇到的那些糟心的问题，她也不害怕了。

诸葛亮说：“非淡泊无以明志，非宁静无以致远。”然而，身处闹市，我们该如何获得宁静？答案是让自己的心沉静下来。相反，假如我们让心随波逐流的话，那么必定流于俗套，为了眼前的浮华而拼命去追逐、去求索，这样的人生非但不能宁静，而且不能淡泊。处于喧嚣的尘世中久了，你会习惯众人聚集的生活，这个时候，你已经忍受不了孤独，更谈不上享受孤独。

尘世中的我们，也应该有这样一份安然、宁静的心，然而，如何才能让心宁静呢？

首先，学会让自己安静，把思维沉静下来，慢慢降低对事物的欲望。把自我经常归零，每天都是新的起点，没有年龄的限制，只要你对事物的欲望适当降低，会赢得更多的求胜机会。

阅读也是让我们凝神静气的方法，阅读实际就是一个吸收养料的过程，你的求知欲在呼喊你，要活着就需要这样的养分。

总之，身处繁华闹市，我们唯有让自己的心宁静下来，才能看淡得失、宠辱不惊、来去无意，才能活得快活恣意。

学会独处，让躁动不安的心归于平静

现代社会，人们总是步履匆匆，不管是爱情、友情，还是工作、生活，人们总是行色匆匆、急功近利，特别是工作，似乎更是每时每刻都在竭尽全力地追赶快节奏的生活步调。在这种生活状态下，人际关系、工作压力等繁杂的事情，使人们在不知不觉间就陷入各种各样的负面情绪之中，诸如烦恼、压抑和失落等。也许人们已经对这个快餐时代麻木了，也许人们已经习惯这种紧张忙碌的生活，越来越多的人无法真正地静下心来彻底地放松自己。在情绪的怒海之中，他们宛如失去方向的一叶扁舟，任凭不快、烦恼、茫然日复一日地折磨自己。这样一来，必将导致失眠、精神郁闷，甚至还会患上轻度或者重度的抑郁症。作为现代的职场人士，几乎无法逃脱“现代人紧张综合征”的折磨。

其实，要想摆脱这种状态很简单，就是安静下来，留给自己独处的时间。当你感觉情绪压抑、心情紧张的时候，当你感觉在生活中失去方向、陷入迷茫的时候，请学会安静地独处，给自己留点时间用于品味生活。找个清静的地方待一待，从纷乱嘈杂的现实中退出来；在安静、沉寂中思考自己的人生，扪心自问自己想要怎样的生活，学会独处，让自己躁动不安的心逐渐归于平静。其实，生活中的很多烦恼和不快都来自内心，要想平衡心理问题，就必须心静。宁静可以致远。只有在独处的时候，大脑才会更加清醒；只有在独处的时候，身心才能彻底放松下来。有人用一杯香茶独处，有人用一段音乐独处，有人用一本爱不释手的好书独处，有人用窗外的远山独处，也有人放空心灵，什么都不想，让自己的整个心灵处于空白和清灵的状态。生活的环境越是浮躁、焦虑，人们就越是需要时间宁静地独处。倘若你能够时常留出时间来独处，甚至享受孤独和寂寞的滋味，那么你必定拥有成熟的、淡定的、平静的心灵。

红红是一名全职妈妈，她的朋友也多是在家带孩子的宝妈。一次，她和这些闺蜜聚会时，袒露了自己曾经的经历，她坦言，由于习惯了陪伴孩子而导致孩子上学后的很长一段时间，她都感到无比空虚，而无法适应一个人生活。

每天，只要把孩子送到学校之后，她只有立即去那些人流多的地方，才不至于觉得难受，面对空荡荡的家，她觉得自己的心似乎也被掏空了，所以她强烈感觉自己必须赶快看到人，和人说说话、聊聊天。但是，总不能一直在市场或者超市啊，一旦做完该做的事情，她还是得一个人回家。在家独处的时候，她总是非常焦虑地等待着孩子放学回家，似乎只有孩子回家了才能打破那一屋子的寂静。这种煎熬持续了很长一段时间，直到她发现自己的身体有了不适。除了就医治疗外，她开始关注自己的心灵，积极地寻求方法改善自己的状况。

后来，她经常抽空回家探望自己的母亲，与亲密的朋友一起参加自我成长课程，而且还报名参加了自我提高培训班。眼下，她的生活作息与之前差不多，但是，她的心境却有了很大的改观。现在的她再也不怕独处，而是能够非常享受地度过自己的独处时光。她的心境变得越发平和，充满希望地迎接每一天，她的变化使她与家人之间的关系更加亲密。

红红的朋友们听完红红的陈述后，好像突然有所领悟，也开始反思自己的生活：自己已经习惯走路都要带小跑的忙碌生活，现在还有闲下来独处的能力吗？

在安静平和的一个人的世界，你能够更加成熟理智地看待这个纷繁复杂的尘世，充分地享受心灵的无拘无束、自由自在。很多时候，假如你已经习惯喧闹，往往很难立刻安静下来。独处时的安静，并不是我们平时所说的外在世界的安静，而是身与心和谐连接时，才能达到的和谐境界。一旦我们的身与心赤裸裸地相遇，就会马上暴露我们平常的身心相处的状态——是身心一致还是身心分离呢？独处时的安静，要求我们的身心高度和谐一致，要求我们必须全身心地专注自己的身心，只有这样，才能真正达到宁静致远的境界。

现实的生活把每个人都历练得无比坚强，就像沙漠里的仙人掌，浑身长满了刺，只有自己才知道自己内心的清凉和柔软。很多时候，我们需要得并不多，只是一首音乐、一杯清茶，或者是一本书。在周末的清晨，假如你不用加班，也不用忙于应酬，不妨静下心来嗅一嗅阳台上散发出淡淡清香的花朵，用心捕捉那若有若无的芬芳。对待人生也一样，如果能够沉醉在这迷人的香气中，你的人生也将会因此而变得美丽起来。在午后慵懒的阳光中，不妨一个人静静地品尝一杯卡布奇诺，看一本心仪已久的书。呷一口，看几行，你的心就会被这温暖的快乐充实起来。如果有幸能够去海边的小屋度假，享受倾泻而下的阳光，眺望远处湛蓝的天空，即使什么也不做，只是静静地躺着，闭上双眼看那红彤彤的太阳，你也能够从心底里感受到生命的美好。在一个春风拂面的清晨，走到郊外去，看看那刚刚冒出来的新绿的野草和野花，感受生命的顽强，在这一瞬间，你的内心将充满希望。只要你想独处，只要你真心地享受独处，不管在什么情况下，你都能安静下来，感受到独处的快乐！

第2章

不得不一个人待着的时候，你寂寞吗

人是群居动物，因此，独处的时候，我们会很容易感到寂寞。那么，此时，你是品品茶、喝喝酒，还是唱唱歌、翻翻书？你是安静地坐一坐，还是悠闲地散散步，或是赶快到人群中去寻找情感的共鸣、心灵的慰藉？实际上，耐得住寂寞的人或者懂得排遣寂寞的人一定会享受孤独，即使成不了伟大的人物也必然会有一颗伟大的心灵。因为乐享寂寞的人的心态必定是淡定的，他们常会选择以独处的方式来思索人生、问题，进而提升自我。

知音难寻，不必呼朋唤友

俗话说得好，“朋友多了路好走”“在家靠父母，出门靠朋友”，友谊是世间最真挚的情感之一，王勃的“海内存知己，天涯若比邻”深刻地描绘了友谊的伟大。爱因斯坦也说过：“世间最美好的东西，莫过于有几个头脑和心地都很正直的严正的朋友。”因为有朋友，我们的人生不再孤单、不再彷徨，我们始终能从朋友那里得来最真挚的帮助。

我们都知道，友情是世界上最最珍贵的东西，生活中，当快乐到来时，我们需要和朋友一起分享，没有朋友的人像一片孤独的枫叶，随风一起飞散，心在飘荡，永远没有港湾，永远没有回头的路。然而，人生得一知己足矣，不是所有人都适合做朋友。

从前，有两个清贫的学者四处游学。一次，他们来到一个小镇，当时天色已晚，他们找到当地的富翁，希望能让他们借宿一宿，但是富翁看到这二人衣衫褴褛，马上就拒绝了，他们只好另找住处。

十年后，这两位学者变成有名的专家，名扬世界。

有一天，他们再次来到从前的那个小镇，他们去拜访曾经帮助他们的那户人家时，那名拒绝他们的富翁也在场，富翁很快认出他们，看到他们和当年的模样不同，现在的他们衣着光鲜，便恳求他们到自己的家里住一晚。

学者此时说："那我们就不客气了，请你让这两匹马住到你家去吧！"

富翁的做法无疑是自取其辱，他以貌取人，结果被当年受辱的学者回绝了。而从年轻学者的角度看，逆境能帮助我们看清一个人的面目，那些能在我们需要帮助时对我们伸出援手的便是朋友，而对我们冷眼相看的人便不是朋友。患难之中才能见真情，真正的朋友是能分担你忧愁和痛苦的人，也最能经得起时间和磨难的考验。整日甜言蜜语的人不是真君子，在你人生得意时警醒你的人才是真正的朋友，他们不会大难临头各自飞。

的确，我们都需要朋友，然而，很多时候却不明白朋友的真正定义，也不明白谁才是我们真正的朋友。毕竟现代社会，人际交往中，人都是戴着面具的。你要记住，朋友是你走向黑岸的时候，为你点亮明灯的那个人。朋友不会因为你现在处于困难时期，而离你远去，朋友不会因为你处在人生低谷的时刻而抛弃你，真正的朋友不会人云亦云，不会在你受伤的伤口上再洒上一把盐，不会因为小人对你的栽赃而远离你。当你感到迷茫时，不妨巧妙给朋友考考试，一个小小的考验就能让你看清对方的真面目。

正是因为如此，我们才说"知己难寻" 要想交到真正的朋友，需要没我的珍惜，每个人的机会是均等的，但是每个人把握机会的能力是不同的，要能够抓住身边的友谊不放手。你一定可以找到一份真正的友情，一份纯洁不被污染的友情！因此，生活中，我们不必要刻意地、以呼朋唤友的方式来结交友谊，事实上，这种友谊是不可靠的。因此，真正睿智的人往往在没有知音的情况下，宁愿独处。

我毕业以后就来到深圳，这是一个一到夜晚就到处是灯红酒绿的城市，一到周末就三五成群的城市，这里有很多和我一样从外地过来、带着梦想的年轻人，我们大都过着朝九晚五、平凡且枯燥的日子。

在我们办公室，一到周五下午，大家就相约吃饭、唱歌、聚会，然而我算是一个异类吧，我更喜欢宅在家里，打开笔记本，任笔尖在纸上徜徉，写下自己的心情、自己的生活、自己的憧憬，到如今，我已整整有了三本的散文随笔。从去年开始，我突然产生了一个想法，我拿着自己的手稿来到出版社，想出版，总编看完以后很欣赏，当即决定帮我出版，现在我就“莫名其妙”地成为畅销书的作者。

即使现在，我还是不愿意呼朋唤友，可能还是因为没有找到真正的知己吧。自己本来就内敛、少语，思想多于行动，人生的每个阶段只有极少的几个好朋友，为什么要去羡慕善于交际的人呼朋唤友、杯畤猜令的潇洒？不如回归自我，生活之外，做点自己感兴趣的事情，不要期望笔下的文字能带来别人羡慕的眼光，只求笔能记录下人生的感悟、生活的态度，可以让自我内心得到宁静和满足……

总的来说，我们每个人都需要友谊，但知己难寻，很多时候，与其呼朋唤友、纠缠朋友，不如享受一个人的时光，让自己的心静下来，学会在独处中品味人生，让内心得到宁静和满足。

独处不是空虚与寂寞

你是否有过这样的感受：夜晚下班回家，远离了应酬，远离了工作，你倒头躺在沙发上，将双脚任意地放在某一位置，跷起二郎腿，没有人会说你不礼貌不雅观。然后，你将音响打开，放一首自己最喜欢的轻音乐，白天所有的烦恼都抛之九霄云外，没有上司的唠叨，没有孩子的吵闹，你觉得舒心极了。接下来，你开始回忆，回忆曾经逝去的一段初恋，回忆少时朋友间的嬉闹，想到忘情之处，脸上有温热的液体慢慢滑下，说不清是幸福还痛苦，但明显自己已深深陷入迷宫深处，由不得自己。徜徉在记忆的迷宫里，享受着亲情、友情、爱情，正如浓烟袅袅升起。

然而，这看似简单的快乐，又有多少城市人能懂得品味呢？

的确，人只有在独处时才能让自己的心静下来，才能思考很多事情，才能不受他物的牵绊，让自己的思想尽情遨游，在深思熟虑中获得生命的体验与感悟。这便是孤独的妙处吧。

我们强调独处的妙处，然而，独处不是空虚与寂寞。一个人空虚，那是自己给自己的独有空间，而一个人孤独，那是因为身边没有朋友。

其实，独处是有益健康的。一个人静静地待在一处，放飞盛满梦的风筝，让自己在孤独中摘回一个美丽的青春，在岁月的长河浪尖上，回味着自己的往事，遐想着自己的未来，默默地守望自己那一份情怀。

夜深了，总算安静下来，看着熟睡的孩子和老公，我端起一杯冰柠檬茶，打开电脑，忙了一天，终于可以找找自己的娱乐。

我习惯先看自己的微博，今天，不知道朋友、同事发生了什么样的事，看完微博后就一目了然了，看来，微博已经成了现代人互动和联系的一个重要平台，我们也已经习惯在这里互相问候、谈论自己的家庭琐事。

有时候，觉得自己很累，尤其是白天繁重的工作压力和孩子的吵闹声，我就觉得结婚对于我来说就是个错误，但只要看到熟睡的家人，我的心又多了一份安宁。

其实我是爱好文字的，夜深人静的时候，我总喜欢写一些无关痛痒的东西，只要一下笔，心中所有的郁闷情绪都不见了，老公也曾说我的文笔不错，问我要不要写本书。其实，我觉得，文字只是记录心情而已。

对于生活，我总是抱着知足的心态。太多的幻想都不切合实际，过好当下的生活最要紧。所以，无论是微薄的薪水，还是全家五口人挤在80平的房子里，我都觉得无所谓，我更不会去羡慕他人的大房子、他人的社会地位等。朋友都说，我这人看得透彻，其实，我想说的是，如果我们都能在夜深人静的时候，好好想想自己要的到底是什么，也许我们都能得到答案，也就没有了那些浮躁之气。

其实孤独也是美丽的，孤独的是影，实在的是心，孤独的人能在孤独寂寞中完成他的使命。如果一个人兴趣无比的广泛而又浓烈，又有无比旺盛的精力，那么，你就不必去考虑你已经活了多少年这种纯数字的统计学，更不需要去考虑你那不是很久的未来。

很多时候，人生并不如意，甚至还有失败、失望、挫折，在岁月长河中，又有多少人是事事顺心的呢？生活坎坷，岁月蹉跎，在岁月的长河浪尖上，学会享受独处也是对自己的一种挑战。

的确，孤独常使我们陷入一种冥想的状态。我听说过这样一个故事。

曾经，有个人在森林里迷路了，他又饿又累，然后就倒在一棵大树下，这个时候，他的脑海里出现了一个奇怪的场景：面包和牛奶。他以为真的有牛奶和面包，靠着脑海中的景象，他终于成功走出森林。

可见，如果一个人能专注手头事、认真努力的话，就不会感到空虚和寂寞。例如，农夫一心要把麦子割完、学生一心要读完一本书，他们都是不孤独的，只有无所事事的人，才会觉得内心空虚、寂寞，需要与人为伴。

“孤独和寂寞是一种远离人间的美丽。”这样说似乎有一定的道理，人不能过分地沉湎于对往事的回忆。人不能仅仅生活在回忆中，要把心放到未来，放到自己需要做的事情上来，这样，你的生活就会永远有追求、有理想、有兴趣。

我们常常会感到空虚和寂寞，因为知己难逢。那么，不得不独处的时候，你是觉得享受，还是觉得孤独呢？你是一个人独自享受轻柔的音乐，或者喝喝茶、看看书呢？还是赶紧打电话给朋友、同事，或者去酒吧、广场这些人群聚集的地方寻求一种心灵的慰藉呢？你认为自己是个耐得住寂寞的人吗？一个人的时候，你是自怨自艾还是选择像太阳一样把孤独射在自己生命的光辉里，充实自己、反省自己呢？

喜欢独处，也别陷入孤僻的极端

我们生活的周围，有些人为了彰显自己超然于物外，宁愿独处、不交朋友，他们以自我为中心，等着别人先关心自己，建立关系。事实上，久而久之，他们便真的失去了朋友，内心世界也真的孤僻了。其实，在喧嚣的人世间，我们要保持内心的宁静，需要静下心来，坚定自己的信念，而不是把自己孤立起来。

通常来说，那些有孤僻心理的人都有以下几个表现。

1.太过冷静

理想的心理状态应该是乐观的、积极的、稳定的，不为琐事忧心忡忡，也不会冲动莽撞。然而，我们不难发现，似乎我们的生活中，有这样一类人，他们总是喜欢以冷静和沉默来面对周遭发生的一切，其实，这是典型的孤僻心理。

2.行为偏执极端

生活中，一些人遇到不顺心的事，就采取过激的行为来发泄，这也是孤僻心理的表现。

3.意志品质不健全

那些意志强的人，对于自己的行为都有一定的自制意识和调节能力，既不刚愎自用，也不盲从寡断；在实践中注意培养自己的果断与毅力，经得起挫折与磨难的考验。

其实，现代社会，我们都知道人际交往对一个人的重要性，社会心理学家经过跟踪调查发现，在人际交往中，那些心理状态不健康者，相对于心理状态健康者，往往更难获得和谐的人际关系，也无法从这种关系获得满足和快乐。

的确，交际是一种能力，更是一门艺术，我们要拥有完美圆熟的交际形象、圆融通达的交际手法、恰到好处的交际分寸，但首先，我们要有淡定从容的交际心理，因此，不要再孤芳自赏，学会大胆展示自我吧。

有甲、乙两个人看风景，开始的时候你看我也看，两人都很开心。后来甲耍了一个小聪明，走得快一点，比乙早看一眼风景。乙一看，怎么能让甲比他早看一眼，就走得更快一点超过甲。于是两人越走越快，最后跑起来。原来是来看风景的，现在变成赛跑，后面一段路程的沿途风景两人一眼也没看到，到了终点两人都很后悔。这就是不会享受生命的过程。

不仅仅是看风景，对待生活何尝不是如此呢？享受一份独立于世俗之外的宁静，不是跟风，更不是为了寂寞而选择孤独。

为了改善孤僻心理，你可以从以下几个方面努力。

1.正确评价自己和他人

孤僻的人一般不能正确地评价自己，认为自己不如人，怕被别人讥讽、嘲笑、拒绝，从而把自己紧紧地包裹起来，保护着脆弱的自尊心；要么自命不凡，不屑于和别人交往。孤僻者需要正确地认识别人和自己，多与他人交流思想、沟通感情，享受朋友间的友谊与温暖。

首先就要自信。俗话说，自爱才有他爱，自尊而后有他尊。自信也是如此，在人际交往中，自信的人总是不卑不亢、落落大方、谈吐从容，而绝非孤芳自赏、盲目清高。对自己的不足有所认识，并善于听从别人的劝告与帮助，勇于改正自己的错误。

2.培养健康情趣

健康的生活情趣可以有效地消除孤僻心理。利用闲暇潜心研究一门学问，或学习一门技术，或写写日记、听听音乐、练练书法，或种草养花等都有利于消除孤僻心理。

3.学习交往技巧

你可以多看一些有关人际交往类的书籍，多学习一些交往技巧，同时，可以把这些技巧运用到人际交往中，长此以往，你会发现，你的性格将越来越开朗，你的人际关系也会越来越好。你会收获不少知识，你在认知上的偏差也能得到纠正。

4.交几个知心朋友

“千里难寻是朋友，朋友多了路好走”“朋友是自己成功的阶梯”“朋友是人生中宝贵的财富”这些话都说明朋友对人们的重要性，也说明人们对友情的渴望。两个亲密的朋友会无话不谈，即使是在很远的地方也能够感觉到彼此之间的存在，会互相帮助，共同成长。打个比方说，当你不小心割伤了手指时，你一定会立刻找创口贴。当你遇到不开心的事情的时候，你肯定需要有人在旁边支持你，给你打气。要很好地处理压力，那你必须有强大的后备力量。 也就是说，我们只有拥有几个可以掏心掏肺的知己，才能在需要他们时，让他们挺身而出。

5.心情不好时最好找能帮助你排遣压力的知己倾诉

心情不好的时候，你可以找一些信任的朋友，一起出去喝喝咖啡，把你的困扰告诉他们。

当然，当一个人独处的时候，如果发现情绪不好，还可以离开家门，强迫自己转移注意力，可以随意散散步，找一个热闹的地方看看风景，把糟糕的心情调整过来。

事实上，日常生活中也充满了交友的机会。例如，在每天上班搭乘的公车里、在图书馆中、在公园中遛狗时……我们经常可以在合适的时刻与人交谈。若有机会（两人每天上班必须搭同一班车），双方就可以进一步成为朋友。即使没有机会，一个微笑、一句问候的话，都可以带给自己和别人一些温暖，让这个世界变得美好些。

珍惜独处的时间，学会享受一个人的生活

不得不说，现代社会，随着生活节奏的加快，竞争的日趋激烈，经济压力逐渐增大，人们穿梭于闹市之中，已经习惯忙碌、灯红酒绿、觥筹交错的生活，以至于在独处时显得内心慌乱、手足无措。而实际上，我们每个人都应该珍惜与自己相处的时间，因为群居得太久，我们很容易忽视自己的内心。独处能让我们内心平静下来，忘却痛苦和悲伤、烦恼和忧愁。因而，如果你感觉到生活的压力过大，无法背负的时候，不妨一个人静一静，做点自己喜欢的事，把过重的压力卸下来，让你的心轻松下来。

大学毕业已经整整6年，阿勇还没有一份正式的工作，在老家，这是相当没有面子的一件事情。阿勇常常被父母数落，被亲戚朋友嘲笑。

后来，他辞掉了原来的兼职，专心准备考试，眼看着考试的时间越来越近，阿勇的心里反倒没底了。按理说，他上学时候的基本功非常的扎实，再加上这个月的埋头苦读，该掌握的知识基本上已经掌握，可是，他也说不清楚究竟为什么会这样，是不自信吗？

考试的前一天，他一整天吃不下饭去，爸爸妈妈以为他得了什么病，不断嘘寒问暖，可是阿勇就是吃不下去。妈妈安慰他说："阿勇，你是不是担心明天的考试啊？"阿勇看了妈妈一眼，没有说话。妈妈接着说："别担心，你不是已经复习得差不多了吗？担心什么啊。"阿勇说："我也不知道究竟怎么了。我就是担心今年要是考不上该怎么办啊。"妈妈说："那不是还有明年吗，今年考不上了明年再考。"阿勇摇了摇头说："没有明年了，今年要是考不上，我就放弃不考了！"

看着阿勇焦躁不安的样子，妈妈非常着急，她建议阿勇出去走走，就这样，阿勇开着车，来到已经荒废的一所学校旁，然后躺在车里，放了一首舒缓的轻音乐，缓缓的音律让阿勇的心慢慢地平静下来。不一会儿，他就感觉到困倦。这一次，他睡得特别的好。

第二天的考试中，阿勇发挥得特别好。

故事中的阿勇给自己定了硬指标，破釜沉舟，在此一举，在斩断所有后路的同时，也给自己增加了巨大的心理压力。这让他焦躁不已，寝食难安。无奈之下，他走出家门、选择独处，让自己焦躁的心迅速地平静下来。可见，独处能够平静心情、缓解压力，让你在关键时刻保持平静。如果你感觉到痛苦和焦虑，那么不妨也选择自己单独待一段时间，让你的心得到安慰。

实际上，凡是害怕独处的人，其实是不敢面对真实的自己，而原因则在于心境狭窄。一个心境开阔的人，必然会因寂寞更加深刻地反省自身，也就更坚定地成就自身、完善自身。

因此，我们每个人都要珍惜和自己独处的时间，当你独处时，也不要消极和无聊，你完全可以抱着积极的心态去做些事。例如，读书，古人云：“书中自有黄金屋，书中自有颜如玉。”书籍是人类进步的阶梯，你可以从书中获取知识、增长见识；你可以坐在阳台上，也可以蜷缩在沙发里，随时随地都可以进入书的海洋。

除此之外，你还可以听听音乐、冥想或者写一些文字，以此来洗涤心灵，但无论如何，请不要在寂寞中沉沦。

另外，你还可以专注于手头的工作和学习，那么，你便能沉浸在自己的世界中，又怎么会感到孤独呢?

的确，处在这纷纷扰扰的尘世中，每个人都应该给自己一个静下来的理由。生活中，我们要扮演好很多角色，很多时候，我们焦头烂额、手足无措。面对闹与静，我们一定要懂得调节，例如，一天烦琐的工作结束之后，你可以听听音乐，通过音乐，你可以发现生命的意义原来是感受生活中点点滴滴的美好。失落会在音乐中消散，沮丧会在音乐的荡涤中溶解，怀疑会在音乐中清除。也可以看看书，它会帮你寻找心灵的安顿之所，闯过生命的种种关卡，抵达心灵平静的彼岸，你便能保持心灵的宁静，多一份圣洁与执着，因为我们身边飘着的都是沁人心脾的乐风!

忙里偷闲，再忙也要享受一个人的美妙世界

生活中，我们每天都在不停地奔波和忙碌中，都在与人打交道，独处的时间太少了，在大都市里，独处真的是少有的一种平静，当我们徜徉在一个人的时光里时，大概只有安静，只有自己的呼吸，只有平平淡淡才能拂去忙碌、压力，在万物沉睡的凌晨，在肃静的内室之中，或是在空旷的郊野，在所有这些寂寞的时候，凡尘的烦琐事务离我们远去，忧虑与烦忧也不再侵害我们，我们的内心自然会生出许多平安欢喜的感激之情，此时思绪静止，内心安详而淳朴，你会感到一种与天地同在的醉意。

事实上，内心淡定的人，即使再忙碌，也会偷出空闲滋养自己。他们像秋叶一样静美，淡淡地来，淡淡地去，给人以宁静。白日的尘埃落定，会在灯下读点书，修复日渐粗粝的灵魂，使自己依然温婉和悦。

曾经有一位总统远离公务和烦琐的生活来到一间寺庙，他

每天的工作只剩下两件事：拜佛和念经。

一天，寺庙的住持来探望他，他很疑惑地问住持："师父，庙里的桂花为什么这样香？"

住持说："哪儿的桂花不香呢？"

他说："总统府的桂花就没有香味！"

住持有些奇怪，问："总统府的桂花全是从雪岳山移过去的，怎会没有香味呢？"言毕，唤一童子进来。说："冬天快来了，送一盆夜来香伴总统念经。"说完，住持便离去了。

一年以后，住持又来看这位总统，总统指着小茶桌上的夜来香，说："这盆夜来香想必是名贵品种吧。"住持不解其意，问："何以见得？"总统说："它不仅夜里香，白天也香！"住持说："这是从房前随便挖来的一棵，是不能再普通的一种。"总统说："过去我家也有一盆夜来香，可是，白天从没有人闻到过香味。这盆不同。"

住持说："过去一位禅师说：'夜来香其实白天也很香，人们之所以闻不着，是因为白天，心太躁了！'现在你能闻到香味，可能是心境不一样了。"

记者采访完总统回去后，写了一篇题为《宁静安详，始知花香》的文章，最后有这么一段感慨："假如你现在感觉到吃什么都不香，看再美的景致都不激动，住再大的房子，坐再好的车，都没有幸福感，一定是你变了，变得离真实的生活越来越远。"

两年后，总统离开寺庙前往首都服刑。这位总统的名字叫全斗焕，1980年至1988年任韩国总统。

这位住持的话让我们深有感悟，的确，当我们心情浮躁的时候，又怎能感受到那份宁静的幸福呢？我们每个人都背负着一定的压力，我们不得不四处奔波，硬着头皮在喧嚣的尘世中闯荡，长时间下来，我们疲惫不堪、精神紧张，却不知如何调节。事实上，调适心态的方法有很多，其中最为简单的方法就是尝试独处，给自己点时间去享受生活，具体来说，在独处时，我们可以这样做：

1.旅行

旅行可以增长我们的知识，我们在拥有更多见识的时候发现某些更符合自己内心愿望的爱好，而且真的见过就比只在书上看过或者听人说过更有触动性。另外，一个爱好旅游的人往往心胸更广阔，更有解决问题的弹性。

2.音乐

音乐作为一种艺术，它之所以能打动人，是因为它能以动感的声音方式表现某种情感，它所蕴含的宁静致远、淡泊平和，可以使终日奔忙、身心俱疲的现代人得到彻底的放松。

在音乐的圣殿中，我们能暂时忘记生活的烦琐，工作的不顺心，能获得音乐给予我们的心灵滋养。音乐能够影响人的情绪、调节生理状况，经常听一些旋律优美、节奏轻快的音乐，不仅可以调节情绪，而且还可以稳定内环境，达到镇静、降压、催眠等效果。

3.舞蹈

当你随着音乐起舞的时候，你的音乐感、音准、韵律、节拍的敏感度和逻辑性都得到提高，脑部及身体协调能力也得到锻炼。

4.读书

书是人类进步的阶梯，“腹有诗书气自华”， 俗语“读万卷书，行万里路”也是这个道理，读书可以让我们见闻广博。

当然，除了以上方法外，我们还可以采取如下方法。

宁静调适法。找一个僻静的地方，让自己的身体、心理完全放松，尤其是要放松思想，做到宁静、愉悦自得、恬淡虚无、少思、少念、少欲、少事、少语、少乐、少喜、少怒、少好、少恶行。

主动休息。主动休息可消除疲劳增加机体免疫水平和抗病能力，保持旺盛的精力。

改善睡眠。躺在床上，闭眼、自然呼吸，把注意力集中在双手或双脚上，全身肌肉放松，每天坚持练习，会有良好的效果。

巧用镜子。站在镜子面前做三四次深呼吸，凝视眼睛深处，告诉自己会得到所要的东西。

第3章

诚实面对自己的心，剖析给自己看

一个人只有用自己的突出之处为人生创造价值，他的价值才能最大化，才能逐步强大起来。然而，在此之前，我们先要学会诚实面对自己的内心，对自己进行全方位的剖析，而这一切，都需要我们在独处的时候完成。要知道，人们在喧闹的人群中是无法完成自我认知的，唯有静下心来，才能看清自己，看清自己想要的人生，以及未来的方向。

给自己一段独立思考的时间

我们知道，人都是群居动物，我们每天都要为生计奔波，都要面对繁重的工作压力，我们常常需要周旋于各种应酬场合中，立身于尘世中太久，你是否经常有孤独、寂寞、窒息的感觉？你是否觉得压力大？你是否觉得不如人？你是否不知道自己要的到底是什么样的生活？你的心是否曾被一些自私自利的狭隘思想笼罩过？你是否已经变得人云亦云？如果有，那么，你应该停下脚步，给自己一段独立思考的时间，适当调整工作、学习与休息的时间，经常散散心，放松绷紧的神经，清除内心的情绪垃圾，释放无形的压力，才能重新起航！

提到富兰克林，不少人以为他生于官宦之家，其实并不是，小时候的富兰克林家里很穷，接受了一年的学校教育后，他就辍学工作，即便如此，他的意志并没有磨灭，反而激励他更加努力，最后，他实现了自己的理想。

富兰克林之所以会成功，除了勤奋外，并不是天赋异禀，事实上，在他的身上，有种非常重要的习惯，那就是经常自省。

结束了一天的工作后，他都会扪心自问：“我今天做了什么有意义的事情？”

经过反省，富兰克林发现自己身上有13个缺点，而其中最为严重的是，喜欢与人争论、浪费时间、总被小事扰乱心绪，他通过深刻的自我检讨认识到：如果要成功。就一定要下决心改造自己。

于是，他设计了一张表格。表格的一边写下自己所有的缺点，另一边则写上那些美好的品质，如俭朴、勤奋、清洁、谦虚等。他每天检查。反省自己的得与失，立志改掉缺点，养成那些美德。这样持续了几年，他终于成功了。

从这个故事中，我们也不难发现，让自己安静下来，能帮助我们自我反省，找到错误所在，并做到自我批评和自我改正，这样，便能做到自我提高，进而距离自己预期的目标越来越近，好运气自然会降临。相反，面对激烈的竞争，以及瞬息万变的环境，那些不愿意反省自己或者不愿意及时改正错误的人，必将面临失败的结局。同时，在快节奏的信息社会中，一个人如果不能及时察觉自身的缺点，不能用最快的速度修正自己的发展方向，也必然会在学业和事业中落伍，被无情的淘汰。

现实生活中，一些人在人生发展的道路上，不能静下心来，浮躁的他们把命运交付在别人手上，或者人云亦云、盲目跟风，他们忽视了自己的内在潜力，看不到自身的强大力量，甚至不知道自己到底需要什么，不知道未来的路在哪里。于是，他们浑浑噩噩地度过每一天，一直在从事自己不擅长的工作和事业，以至于无所成就。

我们也可以这样问自己，今我们有花时间独立思考过吗？我今天的收获是什么？有哪些地方做得不好？别忘了，在闹市中，要想做到不断进步，你就要静下心来，只有这样，才能够发现自己的缺点或者做得不够好的地方，然后加以改正，使自己不断进步，并能够扬长避短，发挥自己的最大潜能，从而不断获得成功。

你不静下心来，就活不明白

我们都知道，生命对于任何人来说只有一次，所以享受人生成了很多人追求的终极目标，人生短暂，我们不该糊涂过一生。那么，人又为什么活着呢？对此历来众说纷纭，有的人说“人不为己，天诛地灭”，有的人奉行“人为财死，鸟为食亡”的准则，也有人认为“鞠躬尽瘁死而后已”才是我们应该追求的理想，那么，到底如何才能活得明白呢？

现代社会，我们生活的世界纷繁复杂，金钱、美色、权力、地位、名声充斥整个现实生活，给我们太多的诱惑，于是我们更多地注重身外之物，迷失在物欲横流中。这个现象引人深思，发人深省。事实上，只有那些内心淡定的人，才能看清楚自己的内心而不至于迷失自己，他们无论是处于逆境还是顺境，也不管这个世界是浮华还是痛苦，他们总是知道自己要什么，总是能活得明白，而他们之所以能做到这一点，是因为他们总是能静下心来，看清自己。

清乾隆时期的和珅，一生疯狂追求名利。他贪婪无度，官居宰相后丧心病狂地掠夺金钱。据史书记载，他拥有土地80万亩、房屋2790间、当铺75座、银号42座、古玩铺13座、玉器库2间。另外还有其他店铺几十种。仅从和珅家抄没的财产就值银9亿两。最终，和珅被处于极刑，落得个一命呜呼的下场。

在追逐成功的道路上，和珅是很好的榜样。但对于名利过分看重、过分敛财，最终让他落得个丧命的结局。

2000多年前，古希腊雅典有一位哲学家叫迪奥尼斯。

他是个思想怪异的人，他经常在大白天提着灯笼穿梭在大街小巷，人们问他在找什么。他回答道："我正在找人，人都迷失到哪里去了呢？"

原来，当时的雅典经济繁荣，然而，正是因为物质的充裕，导致很多人被荣华富贵迷住了双眼，出卖了自己和灵魂，丢失了自己。所以哲学家奔走呼吁：人们哟，千万不要迷失自己。故此"认识你自己"这句话，便镌刻在古希腊德尔菲神庙顶上。

古人尚且深知要把握自己，不要迷失自己，然而，在逐步现代化的今天，我们生活的周围，却总是不断上演着"迷失自己、沦落陷阱"的悲剧。多少为官者在声色犬马中逐渐失去自己当初做人的原则，甚至不惜牺牲人民的利益，最终被绳之以法；又有多少年轻人经不住外界的诱惑，放纵自己，甚至以身试法，最终自食其果。

当然，要让自己活得明白，就需要我们做到：

首先，静下心来，认识自己。

这并不意味着我们要放弃对物质生活的追求，相反，我们应该努力劳动、努力工作，去追求自己想要的生活。劳动与工作是一个人存在的价值。然而，有些人却在这一过程中进入误区——遗忘、迷失了自己。你始终不能忘记的是，自己才是主人公，是追求美好生活的主人公。因此，首先必须认识自己，好好地问一问自己：为这个世界做了什么？留下了什么？

其次，要有为人处世的准则和原则，树立正气。

人们常说，心底无敌天地宽，无论是社会还是个人，都需要正气，它指引我们正确做人、正确做事。有了正气，我们就能看穿欲望陷阱，就能不迷失自己。

最后，要学会独处，享受一个人的生活，并且在独处中反省自己。

一个人若想活得明白，就不能浑浑噩噩地活着，而应该做到经常反省自我。反省自己的德行、过失，例如，你是否因为周围人的升迁、财富的获得而触动？你是否为了赶超他们而采取过措施？你是否想一夜暴富？如果有这样的想法，那么，你最好停下脚步，告诫自己，不要迷失人生的方向。那么，你定当能潇洒地看待人生。

当然，这需要我们学会享受宁静，然而，现代社会，虽然是不断前进的，但前进的过程中，难免会出现一些阻碍、陷井等，一个人要想不迷失自己，就应时时反省自己，排除前进道路上的种种诱惑和阻碍，从而使人生之路越走越宽。

坚守一份执着，在迷茫的水面稳驾一叶轻舟；不再迷失自我，在喧嚣的尘世保持一份静默。迢迢暗夜，望一柄北斗为我们引路；茫茫雾海，燃一盏心灯为我们导航。可以一无所有，不能失去的是可贵的自信与执着。

在人生发展的道路上，我们如何继续往前走，决定了我们生命的高度，一些人贪图享乐，甚至一条道走到黑，他们浑浑噩噩地度过每一天，在错误的道路上越走越远，甚至在追逐已定目标的道路上逐渐迷失自己。

因此，我们每个人都应该学会正确地定位自己、认清自己，看到自己的价值，然后找准目标，挖掘到自己的内在动力，再朝着正确的方向努力，就能充分发挥自己的价值。可以说，这样的人生才是“明白”的人生。而在灯红酒绿的现代社会，我们要想活得明白，就一定要静下心来，要告诉自己，绝不可迷失自己，不管遇到多大的风浪都要坚持初心、坚定立场。

用最真实的状态来面对自己

现今社会，各行各业竞争激烈，人与人之间的关系日益复杂，为了事业、前途，在领导、同事、朋友面前，有些人为了求平安，丢失了真实的自己，并美其名曰适应时代潮流。而事实上，长时间的伪装只会让自己身心俱疲。不难否认，那些能追求真实自我的人往往生活、工作得更快乐、舒心。因此，如果你也想活得快乐，不妨寻求独处的机会，在独处中发现和找到真实的自我。

陶渊明之所以归隐田园，就是因为他不愿伪装自己，屈尊与悭吝之流同流合污，李白的“仰天大笑出门去，我辈岂是蓬蒿人”也是这种写照。然而，以为伪装就能保全自己而最终玩火自焚的也大有人在。

现实生活中，人们偶尔戴着面具与人交往，有时候并不一定是恶意的，或者是自私的，某些时候是为了顾全大局，或者为了求得夹缝中生存，或者为了所谓的面子，但无论哪种目的的伪装，都是对最本真的自我的一种掩饰，都是一种身心的折磨，可以说，那些长久伪装的人，必定是身心俱疲的。

生活中，许多人深感活着真不容易，大抵也是这个原因。虽然现在不会有掉头的危险，也不用担心会留下千古骂名，但一个不会做自己的人，还会有自己独到的见解吗？在碰到挫折时，能义无反顾往前走吗？这样的人，不仅会让人觉得没有原则，而且不会得到朋友、同事、领导的信任。

生活中，我们常常听到大人们教育孩子：“不要太自我，要对什么人都好。”在这种情况下，许多人学会把自己伪装起来。但这样做真的有好处吗？

我们再来看一个好学生的日记：

“聪明、听话、成绩超棒、老师们都喜欢我……从小，我就是听着周围这样的赞扬长大的。周围的同学都很羡慕我，可又有多少人知道，我更羡慕他们。我知道自己并没有他们说得那么好，只是我不得不总是表现自己最好的一面。有时候，我多想做个无忧无虑的人，和其他同学一样疯玩一阵，直到大汗淋漓才停下来休息。小学里，下午第二节课后有长达半小时的课间，教室里只能留下值日生，其他人都在操场上活动。老师不允许我们剧烈运动，回教室若看到谁面红耳赤、气喘吁吁，便让他们站在门口，直到恢复平静才能进教室。尽管如此，同学们依旧先疯玩20分钟，剩下10分钟休息。而我，虽然捧一本书坐在一边，却看不进什么东西。其实我也想和他们一起玩，但是我害怕。我害怕同学们说‘好同学也不过如此，只会在老师面前装乖’，我害怕老师说‘一点好学生的样子也没有’。每次听着老师的表扬、同学们的羡慕或不屑之词，我一阵苦笑。

“有时，我也想放下那些做不完的作业，好好在周末休息，不往返于各种提优班之间。从小学三年级起，妈妈就问我是否要去上英语提优班。我真的不想去，其实我的英语学习才刚刚开始，我可不想基础还未扎稳就拼命跑。但是，我‘很高兴’地答应了，妈妈也很高兴地为我报了名。于是，我越来越多的时间花在上课和写作业之间。纵然心中很无奈，但我知道我没有拒绝的权利。与其被动接受，不如主动迎接，这样起码妈妈是开心的。

“有时，我也想放下顾虑，轻轻松松地学习，无论成绩如何，不受其他人的过度关注。每次考试，我都会尽心尽力，我的成绩与名次受到很多人的关注。我不敢有稍稍的懈怠，不敢让自己的成绩下滑。每次我考试成绩都很好，父母也很高兴，我看上去也很高兴，可只有我自己知道内心的苦涩。”

可能这是很多学习成绩优异的孩子内心的声音，在荣誉光环的照耀下，他们不得不变成父母、老师眼中的乖孩子，但他们内心的苦涩、累、害怕失败，只有他们自己知道，也许，他们失去更多的是一个孩子真正的快乐。

诚然，现实生活中，我们不可能毫无限制地做真实的自我，毕竟，人们常说，做人不能太单纯，应该懂得适度伪装自己。同样，不懂做人“心机”的人不仅没有内涵，还没有成功的欲望，只能是明里吃亏、暗里受气、千疮百孔，一辈子翻不了身。但为了让自己的心灵释压，让自己快乐，你不妨放下伪装，做回真实的自己，你会发现，原来，你也可以不受束缚，而这一切，都需要我们学会从喧闹的尘世中抽身出来，学会独处，在独处中探究和了解自我、发现自我！

反省自己，检查自己的行为和心理状态

古人云：吾日三省吾身。这是一句简单的话，但却蕴含丰富的人生哲理。行走于世，我们的心灵难免会染上尘埃，只有及时反省，检查自己的行为和心理状态，才能以全新的面貌重新上路，才不至于迷失方向。而自我反省的最佳方式就是独处，因此，我们每个人都要做到经常独处，在独处中不停地自我反省，以提高自己的人生境界。

然而，现代人在多了一份自信心的同时却少了一种“自省”的精神。他们喜欢得到他人的称赞、夸奖，却不愿意去自己反省。在我们上学之时，老师可能经常教诲，“每天反省自己”。这确实是一句颇有价值之言，你如果能好好照着去做，一定受益匪浅。

的确，任何一个人，没有反省就没有进步，也可能迷失人生的方向，甚至犯下大错。

德国诗人海涅说过：“反省是一面镜子，它能将我们的错误清清楚楚地照出来，使我们有改正的机会。”所谓“反省”，就是反过身来省察自己，检讨自己的言行，看自己犯了哪些错误，看有没有需要改进的地方。

每个人都有缺点，每个人都会犯错，都可能做出伤害到他人利益的行为，那么我们是圣人吗？当然不是。所以，为什么不静下心来反省一下自己呢？有了过失而不自知，从而越来越

滑向错误的深渊，得到的只能是更进一步的损失。

人不可能十全十美，总有个性上的缺陷、智慧上的不足，而年轻人更缺乏社会历练，因此这就更需要我们通过反省来了解自己的所作所为。

勇于面对自己、正视自己，对自己的一言一行进行反省，反省不理智之思、不和谐之音、不练达之举、不完美之事，并且要及时进行、反复进行，才能够得到真切、深入而细致的收获；疏忽了、怠惰了，就有可能放过一些本该及时反省的事情，进而导致自己一再犯错。

我们先来看下面一个案例：

张莉是个成功女士，婚后的她并没有因为家庭而放弃自己的追求，她和朋友合伙开了家服装公司，然而，尽管事业如火如荼，她却并不幸福。

有一次下班后，她无意中听到员工们对自己的评价：“张总这个人，虽然工作很努力，但说实话，我不怎么喜欢她，她脾气太坏了，我们是她的下属，又不是签了卖身契。”

“是啊，我发现，她还有点小心眼，每次发工资的时候，她都会精打细算，尽量扣除那些零头。”另一个下属接上话。

“还有啊，她很懒，没眼力见儿，说话太直，还毒舌，爱占小便宜，办事儿不想后果，总是说错话，一贯的自我感觉良好，自认为自己有那么点小长处，没有底气也敢瞎得瑟，不懂还装懂，还经常大言不惭地说看不惯这看不惯那……”

“对，我看她那脾气，她老公估计也受不了，女人毕竟是女人，何必一天到晚弄得跟个女强人似的……”

听完下属们的这一番话，张莉真的震惊了，原来自己是这样的一个人。“看来，我真得反省一下。”

当天晚上，张莉回到家之后，一个人静静地待了很久，她终于看清了自己，但是她还想得到一个更公正的评价，于是，她详细询问了一下丈夫关于自己的缺点。她的丈夫是个脾气好、说话客观公正的人，关于妻子的优缺点，他都提出来了：“这么多年，我发现，你是个有魄力的女人……”

可能生活中，很多人都会遇到和张莉类似的情况，原本“自我感觉良好”的自己，有一天却发现，原来自己有那么多的缺点需要改正。而这就需要我们不断反省，唯有反省才能进步，一个人的心智也是如此，一个人不管失去多少，只要还能够自我反省，就是成功的。不仅要在逆境中反省，还要在顺境时反省，只有这样，才能防患于未然，将危机消除于无形。

那么，在独处时我们该如何自我反省呢？

第一，首先要了解你需要反省的内容。

（1）人际关系。你今天有没有做过什么对自己的人际关系不利的事？你今天与人争论，是否也有自己不对的地方？你是否说过不得体的话？某人对你不友善是否还有别的原因？

（2）做事的方法。反省今天所做的事情，处事是否得当，怎样做才会更好。

（3）生命的进程。反省自己至今做了些什么事，有无进步？是否在浪费时间？目标完成了多少？

如果你坚持从这三个方面反省自己，那一定可以纠正自己的行为，把握行动的方向，并保证自己不断进步。

第二，掌握反省的方法。事实上，反省无时无地不可为之，也不必拘泥于任何形式，不过，人在事物繁杂的时候很难反省，因为情绪会影响反省的效果。你可在深夜独处的时候反省，也就是在心境平静的时候反省——湖面平静才能映现你的倒影，心境平静才能映现你今天所做的一切！

至于反省的方法，则因人而异。有人写日记，有人则静坐冥想，只在脑海里把过去的事放映出来检视一遍。不管你采用什么样的方式，只要真正有效就行，反省也不能流于形式，每日看似反省，但找不出自己的问题，甚至对错不分，那就很值得注意。

一个具备反省能力的人一定要具有自我否定精神，就是要勇于认错。每个人都会有错误和缺点，有了错误，主动接受批评和自我批评，认真反省自身缺点，从而不断改进自己、升华自己。反省是心灵镜鉴的拂拭，是精神的洗濯。反省的过程就是一个人心智不断提高的过程，是一个人心灵不断升华的过程，也是我们对所遵循的标准不断反思和不断提高的过程。

于独处时认识自己，倾听自己内心的声音

我们都知道，人是一种社会性的动物，他需要与他的同类交往，需要爱和被爱，否则就无法生存。世上没有人能够忍受绝对的孤独。但是，绝对不能忍受孤独的人却是一个灵魂空虚的人。不知哪位诗人说过：“爱你的寂寞，负担那它以悠扬的怨诉给你引来的痛苦。”事实上，我们可能忽视的一点是，这种因寂寞而引发的痛苦恰恰是我们最应该珍视的礼物。其中就包括自我认知。寂寞使我们进入一种孤立的境地，而正是在孤立的时候，我们才更易于接近我们的灵魂，从而帮助我们认识到另外一个自己，这是信仰的开始，是省悟的开始。

的确，我们不是在喧嚷中认识自己，也不是在人群中认识自己，而恰恰是在寂寞的时刻认识自己，于独处的时刻认识自己，犹如深夜的月光洒落在纯净无瑕的窗户上。任何一个拥有自我的人，都能做到静静地倾听自己内心的声音，以此认识到自己不为人知的另一面，这一面或许是为人处世中的不足与优势，或许是某种特长等，但无论是哪一方面，只要我们能及时探究，就有利于自身的发展。

夜幕降临，喧闹的城市也安静下来。

林先生和所有的城市白领一样，在忙完一天后，他准备回家，但心情郁闷的他还是决定去呼吸一下新鲜空气。今天，他和上司吵架了，他们在下半年的年度计划安排上产生了很大的

分歧，上司批评了他，他在考虑要不要辞职。

他把车停在护城河边上，接下来，他打开自己喜欢的轻音乐，然后靠在椅背上，他觉得自己好累。在这家公司工作5年了，5年来，他一直很努力，但不知道为什么他好像总是得不到上司的肯定，也一直没有得到升职的机会。可以说，他在这家公司一直工作得不开心，这到底是为什么呢？

他反复思考着这个问题，最终，他发现，原来自己根本不喜欢这份工作，他一直倾向于设计类的工作，从大学开始，这就是他的职业理想，但毕业后的他却因为生计问题选择了现在的工作。

想通了以后，他轻松了很多。第二天，他将辞呈放在上司的办公桌上，然后离开了公司，这让很多同事感到愕然，但内里原因只有他自己知道。

这则案例中，林先生为什么做出辞职这个重大决定？因为他静下心来发现，自己的职业理想并不是现在的工作。这就是独处的力量！

生活中的我们，也应该安静下来问自己，我们到底是在不断提升自己，还是只顾面子，不肯跟自己“摊牌”呢？或许有正直不阿的指导者，曾经指出你身上存在的问题或闪光点，但可能你根本不愿意承认这点，因为你不愿意让他人看透自己。

所以，一切注重灵魂生活的人对于卢梭的这句话都会有同感：“我独处时从来不感到厌烦，闲聊才是我一辈子忍受不了的事情。”这种对于独处的爱好与一个人的性格完全无关，爱好独处的人同样可能是一个性格活泼、喜欢朋友的人，只是无论他怎么乐于与别人交往，独处始终是他生活中的必需。

任何人，只有学会倾听自己内心的声音，才可能不断挖掘出自身发展过程中不足的部分。

在独处时，我们能从人群和烦琐的事务中抽身出来，这时候，我们独自面对自己和上帝，开始理智与心灵最本真的对话。诚然，与别人谈古论今、闲话家常能帮我们排遣内心的寂寞，但唯有与自己的心灵对话、感受自己的人生时，才会有真正的心灵感悟。和别人一起游山玩水，那只是旅游；唯有自己独自面对苍茫的群山和大海之时，才会真正感受到与大自然的沟通。

第4章

无论如何，还是要相信未来

在这个世界上，凡事不可能一帆风顺、事事如意，除了烦恼外，我们还有可能遭遇苦难、折磨等。的确，人生无常，但只要我们保持内心平静，那么，无论外在世界怎么变幻莫测，我们都能坦然面对，做到不为情感左右，因为无论如何，明天总会到来，我们也要相信未来。

有时迷茫，是不敢回扇命运给我们的一巴掌

我们都知道，红尘滚滚，荆棘丛生，人生的道路曲折而漫长。生命之旅不会一帆风顺，总会出现一些风风雨雨，我们总会因此而感到痛苦、不如意乃至悲伤。此时，很多人可能会感到悲伤和迷茫，不知如何面对，他们会说“哎，我也想改变啊”“我好迷茫无助，我好惆怅无奈”“我也不想这样，我想做得更好，但就是找不到方向”。再然后，他们仍然在原来的位置，止步不前，仍然听从命运的摆布。你有没有透过这些表象去看看自己的内心？你为什么做不到？其实，你之所以感到迷茫，是因为你缺乏勇气，不敢回扇命运给我们的一巴掌。

生活中正如人们常说的，没有人的一生是一帆风顺的。面对人生的坎坷挫折，我们必须鼓起勇气、知难而上、无所畏惧，才能让困难变成弹簧，在我们面前偃旗息鼓。记住，真正的强者不畏惧困难，也不会在困难面前退缩。也许对于真正的强者而言，困难恰恰是一次历练，也是人生的试金石，帮助我们更好地验证自己，证明自己的实力和强大。朋友们，记住，人生没有绝境，只要我们的心永远张开希望的翅膀！

贝多芬的《命运交响曲》，反映了人类与厄运搏斗，最

终战胜命运的不屈斗争。其实，这部作品也是贝多芬的人生写照。贝多芬曾说：“命运就是这样敲门的。”

作为举世闻名的音乐家，贝多芬的命运很悲惨。贝多芬出生在一个贫困的家庭，因为父母感情不好，他的童年时期几乎是在眼泪的浸泡中度过的。正是艰难曲折的生活，使得贝多芬形成了倔强独立的性格，也使得他的内心感情丰富。

12岁时，贝多芬就开始作曲；14岁时，他进入乐团参加演出，用微薄的薪水帮助父母养育弟弟妹妹。贝多芬17岁那年，他的母亲因病去世，贝多芬不得不负担起家庭的重担，负责照顾两个弟弟和一个妹妹，还要照顾没落的父亲。后来，贝多芬身患伤寒和天花，险些死去。作为一个孩子，命运对他简直太残酷了，然而他坚强不屈地熬过了那段最艰难的岁月。

28岁那年，贝多芬作为一个音乐家，居然耳聋了。众所周知，对于音乐家而言健全的听力多么重要，这个打击对于贝多芬是致命的。从此之后，他生活在无声的世界里，不得不克服各种无法想象的困难，才能继续进行音乐创作。正是在无声的世界里，他创作出《命运交响曲》，表达了对命运的不屈抗争。

1827年3月26日，享年57岁的贝多芬在狂风暴雨中辞世。他的一生虽然贫病交加、厄运不断，却是顽强不屈的一生。在短暂的一生中，他也给人类留下宝贵的音乐财富。可以说，贝多芬是命运的强者，是值得我们每个人学习的。

一个音乐家失去听力，就像一个画家失去眼睛一样，这样的打击是致命的，也是使人难以承受的。然而，贝多芬熬过了生活的重重困难，最终在艰难的处境里创造出经典的传世音乐，给予世人无穷的力量。现实中，大多数人不会像贝多芬这么困难，因而更应该顽强不屈地活着。退一步而言，就算我们命运多舛，也应该想一想张海迪、海伦，再想一想桑兰等身残志坚的人，我们才能更加坚定不移地走出属于自己的人生之路。

试想，一个人如果遭受小小的磨难，就马上灰心丧气，陷入绝望的深渊，终日消沉哭泣，那么即使身边遍布机会，他也很难发现。生活，需要发现美的眼睛。如果缺乏这样的眼睛，即使身边开满鲜花，也很难闻到花香。同样的道理，生活需要发现好运的眼睛。只有百折不挠的强者，始终对生活充满希望，才能在生活的海洋始终扬起风帆，坚定不移地驶向幸福的彼岸。

作为跳水皇后，郭晶晶忍受了常人难以忍受的艰苦训练。年仅7岁的时候，其他的孩子还围绕在父母身边尽情享受无忧无虑的童年时，她就已经开始接受跳水训练。在残酷的训练中，她曾经两次摔断过腿，脚踝也常年受到疾病的折磨。然而，这一切都没有让她退缩。直到2000年悉尼奥运会，郭晶晶在预赛、半决赛都领先的情况下，最终与金牌失之交臂，这使她感受到强烈的挫败感。在参加悉尼奥运会之前，她们接受了魔鬼般的训练，整整一百多天，都是游泳馆和宿舍两点一线的生活，几近崩溃。所以，当只拿到银牌的时候，她在那一瞬间想到了放弃。然而，和所有成功者一样，最终，她选择用更加艰苦的训练忘记肉体和心灵的伤痛。每次训练，她都憋着一股劲，她最终接受了失败赋予她的经验，决定以自己的实力来与命运抗衡。多年以后，郭晶晶依然很感谢那次悉尼奥运会，正是那次失败，让她更加茁壮地成长，直到成为奥运冠军。

在悉尼奥运会之后的4年中，郭晶晶几乎包揽国内外赛场的冠军，并且于2004年雅典奥运会成功夺冠。如今的她已然退役，成为豪门之中最朴素的媳妇儿，过着安稳幸福的生活。

如果郭晶晶在悉尼奥运会后放弃运动生涯，那么，世界游泳冠军史上就少了一枚璀璨的明珠。正是因为坚持，郭晶晶才博得好运，顺利在雅典奥运会夺冠。不管是对于她个人，还是对于我们的祖国，这都是一种幸运。

其实，命只是弱者的借口。当弱者被命运斗倒的时候，就会把一切归结于命。而运呢，运是强者的好运。真正的强者，正因为从不放弃，时刻做好准备，所以才能眼疾手快地发现好运，抓住好运。你想与好运相随吗？那就赶紧把自己变成强者吧！只要时刻准备着，好运一定会青睐你！

诚然，有时候，我们会身处一些恶劣的境况，但除了认清事实、勇敢接受外，我们还必须努力改变现状，争取走出困境，赢取美好的生活。当然这个过程，必定是经受痛苦的过程，因此，让自己静下心来极为重要，否则，人就会永远在痛苦中打转，找不到解脱的光明之路。

曾经的眼泪，真的不是为了获得拯救

在我们的孩提时代，相信我们都曾用哭泣的“手段”来获得父母长辈的关注，达到自己的要求，而长大后，我们哭泣却并非如此，因为我们深知，在这个残酷的世界，哭泣并不能获得拯救，正如有句话所描述的那样：“小时候，眼泪是流给别人看的。长大后，眼泪是流给自己看的。”曾经的眼泪，真的不是为了获得拯救，而只是为寻找一个契机和情绪宣泄的突破口，让自己好好地大哭一场，眼泪流过，继续上路，只是为了下一站的路途，更轻松一些。

事实上，现代社会，我们每个人都承受着来自各方面巨大的压力，我们都需要寻找一个让自己的心释放的突破口，其中哭泣就是一个很好的方法。

心理学家曾经做过这样一个实验：有这样一群人，心理学家将他们分成两组，一组是血压正常者，一组是高血压患者，心理学家分别问他们是否哭泣过，结果表明，血压正常的这些人中，有87%的人偶尔哭泣过，而那些高血压患者却说自己从不流泪。经过实验，我们发现，让人们把情感抒发出来要比深深埋在心里有益得多。我们再来看下面一个故事：

袁先生原本有个美满的家庭，有个美丽的妻子，但就在他30岁那年，命运跟他开了个玩笑，刚怀孕五个月的妻子在家中滑了一跤而流产，后来，妻子就被诊断出不孕症。整天郁郁寡欢的妻子又在一次交通意外中丧生。一段时间下来，袁先生心力交瘁，但他还是坚持努力工作，并担任了几个小公司的兼职顾问，虽然很劳累、很操心，甚至很压抑，但是他从来不曾流过一滴泪，朋友都夸袁先生是个硬汉！

后来，袁先生感觉自己的头总是很疼，吃了一些头疼药也无济于事，后来，朋友推荐他求助一位心理医生。心理医生告诉他，他内心的悲痛压抑得太久，如果想哭，就哭出来。在医生的建议下，他将很久以来心中的苦楚全部以泪水的形式宣泄出来，整个人也轻松很多。

事实上，哭是人类宣泄不良情绪的一种本能行为。有研究表明，女性之所以比男性长寿，除了女性身材矮小代谢消耗低和生活工作环境相对安全以外，主要的原因是女性喜欢倾诉与哭泣。还有研究表明，哭得多的人比哭得少的人要健康。因此，当我们心中积压了不愉快的情绪时，不要强忍着故作“坚强”，该哭时不妨尽情地哭出来。

我们应该看到哭泣的正面作用，它是一种常见的情绪反应，对人的身心都能起到有效的保护作用。因此，当你遇到某种突如其来的打击而不知所措时，不妨先大哭一场，不要害怕别人的眼光，哭没什么见不得人的。

事实上，我们每个人都可以将此刻的眼泪当成对昨天的告别，因为如果背着沉重而巨大的心理包袱，是无从谈未来的，要开启全新的人生，就必须丢掉这些包袱，从接纳并尊重自己的过去开始。

人生如变幻莫测的天空，刚才还晴空万里，转眼间阴云密布、倾盆大雨。但人要向前看，不管过去多么悲伤失意，过去的总归过去，只有向前看，才会有希望。莎士比亚说过："聪明的人永远不会坐在那里为自己的损失而哀叹。他们会用情感去寻找办法来弥补自己的损失。"因此，请抛却那些失败之后的不安吧，如果你想取得最后的成功，就必须破釜沉舟，勇于忘却过去的不幸，重新开始新的生活。

有人对人生做了一个很恰当的概括：人的一生可简单概括为昨天、今天、明天。这"三天"中，"今天"最重要。因为过去的已经成为事实，再去追悔也无济于事，而对于明天的事，我们谁也不能打包票，因此，我们要做的就是活好当下！

有这样一篇日记：

"刚开始的几天心里面真的很难受。我是一个很固执的人，认为自己再也走不出过去。现在我都不太清楚那些天是怎么过来的，我强迫自己去忘掉，可是越是这样，那些画面在我的脑中越清晰。悲伤、难受这些词根本无法诠释我当时的心情。也不知道是从什么时候开始我接受了这个事实，不再刻意地去想以前，我努力地生活，努力地让自己快乐，我关心身边的每一个人。渐渐地我走出来了，偶尔听别人提到他，也忍不住去关心一下，但是我知道这已经与爱情无关。"

恐怕很多人在爱情路上都曾经受过伤，也都有过这样一段

“疗伤”的经历。人活于世，谁都有不愿想起的伤心往事，这被人们称为“旧伤”。它不像电脑程序一样可以被人删除、剪切，它只能靠我们自己来修复。那么，我们该怎样从心理角度“修复”那些旧伤呢？

心理学家指出，要修复自己的心态，调整自己的状态，就要接纳和尊重自己的过去与昨天，因为下一秒，现在也将变成过去。

如果你能减少抗拒的时间，那么，你就能较早地走出来。例如，当你的亲人去世了，你肯定会伤心、痛苦，但如果你能告诉自己“逝者已逝”，那么，你会逐渐变得平和起来。而反过来，对于已经既定的事实，你越是长时间抗拒，越是会痛苦，你处于低潮期的时间就会越长。只有接纳，才能摒弃消极不安的状态。接纳并不是意味着，“算了，认命吧”“我不会再有什么发展了”“接受这种状态吧”，而是一种积极进取的态度，只有不断地采取行动，才能取得理想的结果。

所以，对于糟糕的昨天，我们应该先接受它，我们越是抗拒，越是无法平和地面对。因此，不要再不断地反问自己“我怎么会这样”“我怎么会遇到这种事情”，这样，只会让你的痛苦加剧。

当你不知何去何从时，只需要问问自己的心

生活中，我们每个人从呱呱坠地开始，就面临着很多选择：小到吃什么、穿什么颜色的衣服，大到学业、人生的走向。人们总是站在选择的十字路口，踌躇着朝哪个方向前进，在决定自己要做什么的时候，人们通常要在十字路口徘徊很久。家人的建议、朋友的劝告，还有自己内心的不确定，使得人们迟迟做不了决定，甚至害怕自己做决定，凡事都希望别人拿主意。于是乎，人们总是徘徊在出发点的门前，将犹豫埋藏一直伴随我们成长，或许是担心失败时自己不能能言善辩，抑或面对失落感无法气定神闲，又或者是决定错误时无法承担事情的后果。其实，此时，我们最应该听从自己内心的声音，按照自己的想法行事，当然，做出正确的决定的前提是我们要静下心来。

有人说，人之所以不同于别人，是因为他们的心选择的方向不同。平凡与平庸、尾随与超越、突破与淘汰、对决与妥协，你心里所做出的决定，使得你处于今天的境地。如果比尔·盖茨当时没有做出退学的决定，那么现在他可能只是一个哈佛大学的毕业生，而不是作为世界首富出现在《福布斯》上。正是因为他在人生选择的十字路口，勇于自己做出决定，并愿意为自己做出的决定承担责任，所以才获得巨大的成功。当然，每一个选择的背后都有一个需要被承担的后果，比尔·盖茨也能想到自己的选择有可能出现的后果，但是在选择

的时候，他还是勇敢地做出退学的决定。

所以，没有其他的方法可以帮助你改变自己，除非你勇于决定做你自己，你或许有过一段时间的失败或痛苦，但这并不表示你的未来没有希望，只要我们对自己负起责任，不把决定权交给别人。

当然，我们只有在处于孤立的时候，才更易于接近我们的灵魂，从而帮助我们认识另外一个自己，这是信仰的开始，是省悟的开始。

我们的命运掌握在自己的手里，摊开手掌，十分清晰的脉络，中间弯曲的三条线分别是生命线、感情线、事业线。算命先生给人看手相就是依据这三条线，那是不是代表已经生成的脉络就是我们那不可知的命运？试着慢慢地握紧手掌，你会发现那被称为命运的三条线就紧紧地掌握在自己的手中。在每一个选择的十字路口，你可以选择真正属于你自己的命运，只要你愿意，你的人生完全可以自己做主。你可以选择一切，包括你的心情、你的快乐、你的爱情、你的事业、你的朋友。

还能无病呻吟，说明你还年轻

有人说，生活充斥着酸甜苦辣，只有经历了苦辣之后，才能体会到生活的甘甜之味。而你未来的生活如何，决定于你现在的选择，你的选择不同，人生经历也不同，有人选择安逸的生活，有人选择疯狂，而勇敢的人则会在最美好的岁月里洒下汗水、种下希望、努力奋斗。

然而，我们依然看到有些人感叹：万一失败了呢？还能无病呻吟，说明你还年轻，任何一个不再年轻的人，都知道时间的重要性，他们没有太多的时间花在抱怨上，而是会从现在开始就付诸行动，用行动换取成果。

的确，我们每个人从呱呱坠地到逐渐成长，都经历了无数个第一次。第一次独立吃饭，第一次独自外出，第一次考试不及格，第一次摔跤，第一次遭遇失败，第一次谈恋爱，第一次创业失败……这无数个第一次，构成了我们人生成长的经历，也使我们的人生变得充实厚重。回想起这些第一次，假如没有足够的勇气，没有胆识和魄力，也是很难圆满实现的。既然有第一次成功的喜悦，我们也就必然要面对第一次失败的痛苦和伤心。其实成功和失败总是相对的，有些失败能够给我们带来经验，能够帮助我们提升自我，因此是值得铭记的，也是具有积极意义的。从这个角度来说，年轻的人理应勇敢，因为即使失败，也能帮助我们提升自己，获得精彩的人生。

任何情况下，失败都不会是最终的结局，当然成功也是。人生是复杂的，不能简单地以成功或者失败定论，而要辩证唯物主义地看待，就像对于很多人的评价一样，人并不是非好即坏，而是需要通过多重因素衡量和判断。只要我们怀着一颗勇敢的心，早晚能够跨越失败的沟壑，让失败成为我们人生中独特的风景。

然而，真正的勇气从何而来？答案是静心和自我反省，越是独处，越是能静下心来，发现勇气的缺失。

石田退三是日本著名的丰田汽车的缔造者，他的成功并不是一帆风顺。

年幼的时候，他家境贫穷，根本没钱上学，只得辍学。后来，他去京都的一家家具店当店员，一干就是8年。后来，在朋友母亲的介绍下，他到彦根做了赘婿。入赘后，他才知道太太家没有一点财产，这让他感到有些失望。就这样，他和妻子一起过着贫穷的生活，贫穷的生活是很无奈的，他只能将新婚太太留在彦根，一个人到东京一家店里当推销员。而这份工作，名义上说是推销员，其实就和小贩一样，不得不推着车到处推销货品。就这样，他又干了一年多，身体终于支撑不住的他只好离开这家公司，他回到岳母家。

然而，这似乎并不是他的家，他的岳母给他的是鄙视的目光，他每天都要过着被人数落的日子。“你真是个没有用的家伙！”周围那些人也这么评价他。他的岳母更是冷眼相讽。她说：“你是我见过的最没有用的人！”这些羞辱几乎气得他眼前发黑，几近晕倒。步履艰难地过了几个月后，他终于承受不了这些沉重的压力，被逼得想通过自杀来解脱。

这天，心情抑郁的他来到琵琶湖，就在他准备自杀时，他却一下子醒悟过来。他想道：“像我如此没有用的人应该非死不可。但如果我真有跳进琵琶湖的勇气，为什么不拿这勇气来面对现实，奋力拼搏，打开一条出路呢？我应该尽自己最大的努力，奋发图强，克服重重困难，用坚定的毅力做出一番轰轰烈烈的事业来！”

抱着这样的想法，石田找到了活下去的勇气，一股强大的力量仿佛在他体内激荡着。他不再满脸愁容，也不再老想着以自杀来解决当下的痛苦，而是搭上回家的火车。从此，他不再自怜自叹，他托朋友介绍自己到一家服装商店当店员。在这儿，他重新鼓起奋斗的勇气，将忧愁化为力量，用坚定的毅力承受来自各个方面的压力和挫折。

40岁那年，他到丰田纺织公司服务。他不怕艰难，刻苦奋斗，全力以赴地投入工作。对他处事得当的能力、一丝不苟的精神，丰田公司的创业者丰田佐大为赏识。在石田50岁那年，丰田就派他担任汽车工厂的经理。53岁时，公司将经营的大权交给了他。

正和石田后来回忆的一样，人生就是战场，你在这战场上打胜仗的法宝，便是斗志和毅力。的确，对于石田来说，人生的转机就来自他对周围那些目光的反省，如果没有那场自杀，让他清醒地认识到毅力的重要性……石田退三恐怕早就命沉琵琶湖，哪还会有今天在丰田取得的卓越成就呢？

失败并没有什么可怕，它只是人生的常态，在一颗积极进取的心面前，它还是经验的累积和进步的阶梯。只有坦然面对失败，才能更加清醒理智地反观人生，从而让自己充满信心地在人生的道路上走下去。

年轻，没有理由不努力，与其在暮年擦拭悔恨的泪水，不如趁年轻努力一把。年轻人要敢想敢做，勇于付出，相信没有什么是做不到的，也没有什么事能够难倒年轻的自己。人生不息，奋斗不止，只要你还年轻，就大胆勇敢地向前冲，只要坚定信念，成功就会在眼前。年轻人，只要梦想还在，那就在美好的岁月里保持前进的脚步吧！

应该重新扬起自信的风帆

在生活中，对于绝大部分人来说，每当遭遇灾难或者处于逆境的时候，就会不自觉地产生消极悲观的反应，甚至怀疑人生、怀疑未来，当我们失去了重要的东西时，当我们感到被周围所抛弃时，当我们被羞辱、打击时，这些情绪总是不请自来。其实，无论如何，我们都要让自己静下来，修复自己的心，并且要相信未来，因为一切都会过去。其实，完整的人生本就是起起伏伏的，但无论如何，昨日毕竟是昨日，无论昨日如何，我们都要学会为它画上一个句号，强留只会让你深陷其中无法自拔。

例如，我们在生活中经常看到一些人面对婚姻、爱情的逝去，无法释怀，伤人伤己，而其实适时放手才是一种解脱。因此，分手、失恋，都不必太在意，因为昨天即使再美好，也必将成为过去，今生还有很长的路要走，更重要的是过好今天，把握明天。

人们常说，缘分不可强留，缘来了，缘散了，留下一些美好也留下一些遗憾，正如生命中的每一个故事，是你的就是你的，不是你的强求不来。凡事让缘分来决定，留下的，就好好珍惜；错过的，就随风而去。凡事顺其自然，才会获得平静的快乐。你会发现，无意中，原本属于你的快乐已经悄悄来到你的身边。

当然，对于昨天，我们需要放手的不仅仅是爱情，还有太多我们未曾释怀的点点滴滴。要学会放手，我们就要学会忘却，忘却昨天的烦恼、痛苦、忧伤、黑与白、是与非。

我们要对自己有信心，虽然现在你正处于不好的情况，但是要相信自己一定能过这个坎，而且会变得更成熟、更强壮。

我们应该从昨天的经历中重建自己，你应该重新审视自己、调整自己。这是一种对现实的接纳，对于事实，我们不能沉溺其中，而应该把精力放到如何挽回过失上，最大限度地减少损失，否则过多的后悔、不休的责备，不仅于事无补，而且还会扩大事端、增加烦恼。

人生如同一场游戏，没有定数，所以又何必处处计较？如果我们总是把眼光停在昨天，沉溺于过去，那么，我们只能无法自拔。或许你认为你根本无法忘记昨天，昨天对于你来说是很难越过的门槛，其实当事情过去以后，你会发现，这在你人生路上是多么不显眼的一件事情，根本无须惊怕。所以，你应该重新扬起自信的风帆，鼓起劲儿摇桨，向明天出发。

第5章

品味孤独，玩转独处这门生活的艺术

生活中，在与人相处时，我们扮演着人际交往中不同的身份，总有对应的轨迹。有的人宁愿面对别人，也不愿单独面对自己，其实寂寞是最自由的，人竟因为习惯了角色与名分，面对这份自由时，反而显得不知所措、彷徨与空虚。其实，我们每个人都应该在寂寞和孤独时开发自己快乐的源泉，在寂寞的时候给自己安排一片只属于自己的小天地，以此品味孤独，实现心灵的成长。

孤独是成长所带来的不可避免的产物

我们都知道，人的成长是自我意识逐渐形成和独立的过程，真正的自我会伴随着身体的成长而一同成长。有句话说得好，成长是痛苦的，越长大越孤单，因为成长需要我们从稚嫩的自我中不断剥离，孩童时代，我们成长在父母、长辈的庇佑之下，我们完全依赖家人，不必为衣食住行担忧，我们的自我意识处于懵懂状态，我们可以放声地哭、放声地笑，没有过多的顾虑，更不必掩饰和伪装。因而，童年成了我们生命中最自然、最纯真的年代，童年的经历成了我们一生中最美好的记忆，我们沉浸其中，享受生命的美好，没有什么快乐能够代替童年的欢笑。而随着年龄的增长，我们发现自己与家人、长辈的距离越来越远，我们发现，他们根本无法理解我们。我们逐渐学会隐藏喜怒哀乐，我们发现自己开始孤单起来。再到我们可以独当一面时，我们发现，我们学会了自我保护，我们更感到寂寞与孤独。

可以说，孤独是成长所带来的不可避免的产物，然而，一些人却不愿直视这一点，于是，他们宁愿加入一些狐朋狗友中，甚至用酒精、迷幻药来麻醉自己，尽管如此，他们还是感到空虚。

事实上，只要我们能坦然面对成长的苦恼，学会享受一个人的寂寞，并在寂寞中反省自我，那么，你会发现，寂寞还能帮助我们做到自我审视和反思，进而帮助我们更好地成长。它还能让我们看清自己，看到自己的不足、长处，进而找到人生的目标。

杰斐逊是一名普通的汽车修理工，靠这份工作生活，生活勉强过得去，但是他的目标并不在此，他希望自己能拥有一份更好的工作。

一次，他打听到汽车城底特律正在招聘员工，他心想，可以前去试试。当时招工通知上所写的招聘日期是星期一，所以，他在前一天下午就到了底特律城。

晚饭后，一个人待在旅店里，他突然静下心来，开始想很多事，很多过去经历的事像电影般在脑海中播放了一遍。突然间，他感到一种莫名的烦恼，他自认为自己头脑灵活、做事勤快，为什么到现在一事无成呢?

接下来，他从包里拿出来纸笔，写下了几个人的名字，这些人和自己年纪相仿、认识已久，关键是比自己优秀，其中的两位曾是他的邻居，如今却搬到富人区去了，还有两位是他以前的老板。

他扪心自问：与这四个人相比，到底自己在哪方面不如他们？自己真的笨吗？倒不尽然，很长一段时间的反思后，他找到了问题的症结——自己的性格有缺陷。他承认，在这方面，自己确实不如他们。

想着想着，时间过去，竟然已经凌晨3点多，他却愈发睡不着，他觉得这些年来，他第一次认清了自己，看到了自己致命的缺点：很多时候不能控制自己的情绪，如爱冲动、自卑，不能平等地与人交往，等。

所以，他检讨了自己一晚上，他发现自己是一个极不自信、妄自菲薄、不思进取、得过且过的人；他总是认为自己无法成功，也从不认为能够改变自己的性格缺陷。

最终，他下定决心，从那一刻开始，绝对不会再自贬身价，认为自己不如人，只有先完善自己的性格，才有可能变得优秀。

第二天一大早，他抬头挺胸来到这家公司，信心满满地面试，顺利地被录用了。在他看来，之所以能有这样一个工作机会，就是因为头一天晚上他做了自我检讨并认识到自信的重要性。

在走马上任的两年内，杰斐逊逐渐变成受大家欢迎而且能力出众的人，大家都喜欢这样一个乐观、自信和积极热情的人。两年后，他加了薪水，又升了职，成为一个小有成就的人。

生活中，很多人像曾经的杰斐逊一样，忙忙碌碌，日复一日，固定的生活模式成了一种必然，但成功却没有青睐他们，为什么会这样呢？之所以造成这种结果，很大一部分原因在于他们没有自我审视和反省，相反，如果我们能够给自己一段独处的时间，扪心自问，了解自己、发现自己，便能有所顿悟，实现自我成长。

生活中，我们每天都要面临学习和生活，我们总是马不停蹄地奔跑，似乎很少静下心来思考人生、思考自己处于闹市中的我们要做到经常安静下来，给自己一段寂寞的时间，这样，你才能做到独立思考。要做到这点，我们就需要养成在独处和寂寞中倾听内心声音的良好习惯。你一个人待着时，你是感到百无聊赖、难以忍受，还是感到一种宁静、充实和满足？对于有“自我”的人来说，独处是让内心安静下来的绝好方法，是一种美好的体验，固然寂寞，但却有利于我们灵魂的生长。

总之，心灵的成长需要与寂寞为伴，它能带给我们理性、自主和超越，学会与寂寞同行，我们的心才不会迷失，我们也能避免原地踏步，更能找到前方的路。

珍惜寂寞时光，享受宁静的生活

在高速运转的现代社会生活中我们变得浮躁起来，在喧嚣的都市生活中，能做到静下心来的有几人？人本性中的单纯、朴实早已被我们甩在了身后。也许在这个快节奏的时代，我们真的走得太快，是该停下脚步的时候，等一等被我们丢远的灵魂。这样，才能让自己的心静下来，思索我们的人生。让心静下来，放下心中的浮躁。点上一炷檀香，一壶水泡一缕清茶。水从高处慢慢冲入杯中，一切仿佛慢了半拍，茶叶在水中翻转腾挪，一缕香气弥漫出来，心境逐渐随之平静。实际上，人生本如茶，一泡洗净铅华，二泡三泡满品精华，四泡五泡回甘香灭。

一切快乐，没有比祥和更为快乐；一切享受，没有比宁静更为享受。

时间是人生真正的资产，学问是人生真正的财富，健康是人生真正的幸福，智慧是人生真正的力量。《庄子》中有一句话，叫作“乘物以游心”，只五个字，却是偌大的洒脱。放下才是人生的大智慧，是心灵的洗涤剂，放下浮躁，我们才能将狂傲和不羁敛成平淡与朴实，重拾那个最本真的自我，进而远离尘世的喧嚣，以一颗平常的心过好属于自己的生活。

尘世中的我们，是否有这样一种安然、宁静的心呢？你是否深思过自己是否已被这纷乱的世界扰乱了思绪？你还是原本的那个自己吗？

有人说，寂寞是一种宝贵的情感，凡庸的人体会不到寂寞带给他的礼物，也难以在寂寞中接受灵魂的馈赠。因此，如果你不懂得欣赏和珍惜寂寞，那么，对于寂寞，你只会觉得恐惧，这种空虚与恐惧啃咬着人们的心灵，足以使人毁灭。

其实，无论生活多么繁重，我们都应在尘世的喧嚣中，找到这份不可多得的静谧，在疲惫中给自己的心灵一点小憩，让自己属于自己，让自己解剖自己，让自己鼓励自己，让自己做回自己……

你可以选择在周末休息的时间，远离工作，暂时支开家人，穿上舒服的睡衣，放点轻音乐，把室内灯光调到明暗适中的状态，然后很随意地想想自己要做点什么，或者就这样静静地享受一个人独处的美妙光景。或者，就去自己心爱的书架上随意取出一本自己喜爱的好书，要么就去小心翼翼地翻阅把玩自己珍藏的收藏品……除此之外，我们还有太多在寂寞中开阔心境的方法。

你也可以把自己的身心交给大自然来净化，漫步于河水边，倾听空谷中鸟儿们的绝唱，尽情地允吸着花儿的芬芳，更不要谁来做伴，只有自己，而在这时你是最真实的。抬头仰望天边云卷云舒。让心随着自己无边的思绪飘飞。此时，这个世界属于你，你也拥有了整个世界。

你可以捧一品香茗，让香气随着空气弥漫，然后，你打开一本好书，让自己在这份难得的宁静中，去书中解读关于生活、关于情感的文字。

你也可以播放轻缓的温柔的小夜曲，静静地赖在床上，什么都不想，什么都不做，只让自己沉静在难得营造出的氛围里。让身心回归本真，默默地享受音乐带给我们心灵的栖息，让音乐来诠释我们对浪漫的渴求。

你可以背上简单的行囊，到向往已久地方去，不要害怕一个人孤单，不要与谁为伴，随时出发。也许你会如孩童般滚过一片青青的草地，找寻回儿时的天真与顽皮。也许，你会大喊一声，打破这宁静的时刻，让孤独的内心得到释放的快乐。

成长本身就是一种疼痛。成为一次自己真不容易，就在这独处的时光里做回真正的自己。在陌生的地方，没人认识你。让这阳光完完全全地照亮我那些想喊，却没有喊出的日子吧！在这里，一人独处的时光，便是绝顶美妙的时刻！

寂寞，锻造优秀的灵魂

现实生活中，相信每个人都有自己的理想，并渴望成功，而最终能成功的只不过是极少数，而大多数只能与成功无缘，他们不能成功是因为他们往往空有大志却不肯低下头、弯下腰，不肯静下心来努力学习，从身边的本职工作开始积聚自己的力量。要知道，只有一步一个脚印，踏实、不浮躁地学习，才能为成为一个优秀的人，而这些都需要我们耐得住寂寞，在寂寞中修炼，当你把优秀当成一种习惯后，你也就离成功不远了。

华人导演李安执导的电影《理智与感情》被列入“影史伟大的100部英国电影”榜单。回望李安的成功，就好像一次生活的蜕变，但这个过程中，他付出了巨大的代价。内敛和害羞的李安曾说：“我天生竞争性不强，碰到竞赛，我会退缩，跟我自己竞争没问题，要跟别人竞争，我很不自在，我没那个好胜心，这也是命，由不得我。”这个信命的男人，却以自己强韧的耐心完成一次生命华丽的蜕变，从一个普通的男人蜕变成为响彻国际的大导演。

虽然，李安毕业时的作品《分界线》为他赢来了一些荣誉，但毕业之后，他没有找到一份与电影有关的工作，只得赋闲在家，靠妻子微薄的薪水度日。那段日子算是李安的潜伏期，他为了缓解内心的愧疚，不仅每天在家里大量阅读、大量看片、埋头写剧本，而且还包揽所有的家务，负责买菜、做饭、带孩子，将家里收拾得干干净净。他偶尔也会帮人家拍拍片子、看看器材、做点剪辑处理、剧务之类的杂事，甚至还有一次去纽约东村一栋很大的空屋子去帮人守夜看器材。在这段时间，他仔细研究了好莱坞电影的剧本结构和制作方式，试图将中国文化和美国文化有机地结合起来，创造一些全新的作品。

后来，李安回忆起这段日子的煎熬生活，依然十分痛苦：“我想我如果有日本男人的气节的话，早该切腹自杀了。”就这样，在拍摄第一部电影之前，他在家里当了6年的家庭主夫，练就了一手好厨艺，就连丈母娘都夸奖：“你这么会烧菜，我来投资给你开馆子好不好？”蛰伏了一段时间之后，李安出山了，他开始执导自己的第一部电影《推手》，紧接着，他内心对电影艺术的狂热就好像终于等到机会发泄了出来，一部接着一部，部部都是经典，为其成功奠定了扎实的基础。

就这样，李安完成了一次生命华丽的蜕变。

这里，我们佩服的是，李安导演因为自始至终对电影都怀抱理想和希望，所以他能够在家里做6年的“煮夫”，足见他的忍耐力。就连李安自己也自嘲说：“我想我如果有日本男人的气节的话，早该切腹自杀了。”在那段煎熬的日子里，他不断蛰伏，就好像蝴蝶在蜕变之前所经历的一切环节，忍受着寂寞与孤独，忍受着枯燥和痛苦，但他终于以自己的耐心等来了成功的那一天。虽然，蜕变的代价是巨大的，但他已经忍受了过来，现在的他，只需要轻轻地努力就可以采摘成功的果实，生活对于他，从来都是公平的。

事实上，当今社会更是一个需要人们不断学习的社会，知识的更新速度越来越快，曾有人说，“知识的半衰期仅为5年”，也就是5年之内，掌握的知识就有一半过时。这句话无疑警示所有人，要想在当今社会生存并发展下去，我们必须不断地学习和充实自己，不断地更新自己的知识结构，继而成为一个优秀的人，否则，我们只能被时代所淘汰。

任何一个习惯一旦养成，它就是自动化的，如果你不去做反而会感觉很难受，只有做了才会感觉很舒服。因此，关于好习惯的培养，你不妨给自己订一个计划，然后用日程本记下自己执行计划的过程。那么，21天后，你将养成好习惯，坚持21天，你就会成功。坚持21天，就能改变你的意识，影响你的行为，为你带来超乎想象的成功。你又何乐而不为呢？

那么，生活中的人们，你该怎样主动去培养那些成功的习惯呢？

1.多阅读，积累知识

除了你学习的书本知识外，你还应多阅读课外书籍，多读书最大的好处是增长知识、陶冶性情、修身养性。

2.变懒惰为勤奋

从古至今，我们发现，任何一个能做到99%勤奋的人都能最终取得成功。那么，现在，你不妨问问自己：我做到99%的勤奋了吗？如果你的回答是否定的，那么，你就知道症结所在。也许，有些人会说，我不够聪明。而实际上，即使是智慧，也源于勤奋。没有人能只依靠天分成功。自身的缺点并不可怕，可怕的是缺少勤奋的精神。勤奋面前，再艰巨的任务都可以完成，再坚定的山也都会被“移走”。滴水能把石穿透，万事功到自然成。唯有勤劳才是永不枯竭的财源。

3.主动探求知识

可能你觉得现在的你已经具备很多知识，但事实真的如此吗？退一步讲，人生的知识并不是书本上的，你真的对周围生活和自然以及各个方面都了如指掌吗？如果你觉得自己什么都懂，你多半不是一个谦虚的人，实际上，越是知识渊博的人越是发现自己知道得少，培养好奇心也可以达到同样的效果，越是充满好奇越是对未知充满敬畏，也就越谦虚。

4.勇于创新

骄傲自满，你将很快就被超越，只有进步才能获得更强的竞争力。然而，没有创新就不可能进步。因此，你应该将自己的求知欲望和求知兴趣激发出来，鼓励自己多参与动脑、动手、动眼、动口，使自己善于发现问题、提出问题，并尝试用自己的思路去解决问题。

5.要有坚定的决心和持之以恒的毅力

这是老生常谈的话题，但依然重要。那么，如何做到中途不放弃？你要有良好的心态，乐观的精神和自信心。很多人选择目标后又中途放弃，就是因为觉得坚持这么久，没有成果，觉得自己学的知识没有用。其实，条条大陆通罗马，既然选择了自己的路，就要毫不犹豫地走，一直在原地徘徊、犹豫不决，不知是否该前进，只能让时间白白逝去而已。

当然，任何习惯的改变和形成，都是艰难的，但只要我们经历一段时间，一旦习惯形成，它就会成为一种自动化的、下意识的行为反应。

经验告诉我们，寂寞是一把双刃剑

有人说，孤寂是吞噬生命和美丽的沼泽地。寂寞不可怕，可怕的是心灵的孤独，因此，寂寞的时候，我们需要一点精神上的寄托与追求，去打破寂寞，学会在寂寞中寻求彼岸。

的确，对于生活中的很多人来说，他们似乎就是为闹世而生，他们最怕的就是独处，让他们和自己待一会儿，简直是一种酷刑。因此，只要闲下来，他们就必须找个地方去消遣，要么去游戏厅，要么找人聊天、逛街、看电影。即使一个人在家里，也会打开电视机，看一些无聊的肥皂剧，或者把音响开到最大，他们极其害怕孤单，他们的日子表面上过得十分热闹，实际上他们的内心极其空虚，他们所做的一切都是为了想方设法避免看见自己。

有个服刑的犯人在监狱中写下了一篇悔恨的日记：

“自从穿上这身囚服，我才知道什么叫寂寞，我才发现自由是多么可贵。我仿佛有种无法倾诉的无奈，仿佛广袤沙漠里没有一丝风。牢房里，虽然不乏各种新闻，也不乏各种话题，但我不感兴趣。环境特殊吧，彼此都害怕对方窥视自己的内心世界，所以人人都不得不心墙高筑。在这种氛围里，那份孤独就显得更加沉重和百无聊赖。

“于是，为了打发时光，空余时间我便拿出书来读。刚开始，我看的是一些修身养性的书，我不急不躁，细嚼慢咽，居然读了进去。接下来，我又喜欢上一些道德、法律方面的书，竟让我读出了心得，读出了情感。到后来，我已不光读，而是在‘听’了——听哲人谈人生道理，听名人谈生活经验，听学者对世事的看法，听强者怎样面对挫折。

“时间久了，读的书多了，我才发现自己真的错了，以身试法是多么愚蠢啊，不过现在还来得及，于是，我拿起久违的笔抒发对亲人的思念、检讨曾经的得失……一篇文章的构思过程，就是一次心灵净化与充实的过程，虽然难免有忧伤、有惆怅，但却不浮躁、不空虚。曾经失落、沮丧的心绪已渐渐舒展，漫长的时光已不再无聊、不再孤寂。这是否算一种境界，一份收获？

“我曾经暗叹漫长的牢狱生活，如今却发现如果把刑期当学期，便可以学到许多对自己有用的知识，学会在寂寞中充实自己，人生才会感到充实，才能得到许多意想不到的收获！”

看到这篇日记，我们感到欣慰，孤寂的牢狱生活并没有让他再次堕落，他选择以读书来充实自己的内心，的确，心与书的交流，是一种滋润，也是内省与自察。伴随着感悟与体会，淡淡的喜悦在心头升起，浮荡的灵魂也渐归平静，让自己始终保持一份纯净而又向上的心态，不失信心地契入现实、介入生活、创造生活。

人们常说，“寂寞难耐”，为了避免这一点，人们宁愿在觥筹交错、纸醉金迷中消磨度日。对于这些人来说，寂寞是一种可怕的在任何时候都应该极力避免的情感经历。如果我们能在寂寞中历练自己的心灵，那么，无论外面的世界多么繁华与喧嚣，我们也可以放飞自己的心灵，什么都可以想，什么都可以不想。一人独处静美随之而来，清灵随之而来，温馨随之而来；一人独处的时候，贫穷也富有，寂寞也温柔。

实际上，凡是对寂寞感到恐惧的人，其实质是不敢面对自己，而原因则在于心境狭窄。一个心境开阔的人，必然会因寂寞更加深刻地反省自身，也就更坚定地成就自身、完善自身。

寂寞是一柄双刃剑，内心淡定者能看到寂寞带给自己的益处——寂寞是修炼心性的最好时机；而无知的人却常常在寂寞中迷失自己，从此一蹶不振，脱离成功的轨道。寂寞是喧闹世界的铺衬，就像绿叶对鲜花一样。

学会在寂寞中寻求彼岸，我们最需要的是信心。人的一生，就好比在茫茫大海上航行，这期间，不可能总是风平浪静，我们可能会遇到狂风，也有可能遇上暗礁。同时，我们还必须享受航行中远离尘世的寂寞，我们只要有信心、有勇气，就可以去搏斗，去尽享奋斗人生的快乐，从而把寂寞当作成功路上的垫脚石。如果一个人在寂寞中失去了信心，那么他只会越陷越深，最终被寂寞吞噬。所以，多给自己一点信心，相信自己一定能够创造奇迹。

思想只有在安静的内心环境下才会产生积极作用

有位事业有成的年轻人，他在朋友的劝谏下来看医生，因为他觉得自己的工作压力太大，心灵好像已经麻木。

诊断后，医生认为他的身体毫无问题，却觉察到他内心深处有问题。

医生问年轻人："你最喜欢哪个地方？""我不清楚！""小时候你最喜欢做什么事？"医生接着问。"我最喜欢海边。"年轻人回答。医生于是说："拿这三个处方，到海边去，你必须在早上9点、中午12点和下午3点分别打开这三个处方。你必须同意遵照处方，除非时间到了，不得打开。"

于是，这位年轻人按照医生的嘱咐来到海边。

他到达海边时，正好早上9点，没有收音机、电话。他赶紧打开处方，上面写道："专心倾听。"他开始走出车子，用耳朵倾听，他听到了海浪声，听到了各种海鸟的叫声，听到了风吹沙子的声音，他开始陶醉，这是另外一个安静的世界。快到中午的时候，他很不情愿地打开第二个处方，上面写道："回想。"于是他开始回忆，他想起小时候在海边嬉戏的情景，与家人一起拾贝壳的情景……怀旧之情汩汩而来。近下午3点时，他正沉醉在尘封的往事中，温暖与喜悦的感受使他不愿去打开最后一张处方。但他还是打开了。

"回顾你的动机。"这是最困难的部分，亦是整个"治疗"的重心。他开始反省，回想生活工作中的每件事、每种状况、每一个人。他很痛苦地发现他很自私，他从未超越自我，从未认同更高尚的目标、更纯正的动机。他发现了自己疲倦、无聊、空虚、压力的原因。

这个故事中，这位年轻人遵循医生的建议来到海边，通过倾听、回想、回顾三个过程，最终认识到自己的缺点——自私、从未超越自我、从未认同更高尚的目标，这就是他感到空虚、压力的原因。

心理学家说过："人是最会制造垃圾污染自己的动物之一。"正如清洁工每天早上都要清理人们制造的成堆的有形的垃圾一样，我们要想彻底消除倦怠，也必须经常地反省自己，时刻清洗心灵和头脑中那些烦恼、忧愁、痛苦等无形的垃圾，真正让自己时刻心如明镜，洞若观火，以最好的状态投入工作，而释放这些不健康心灵毒素的方法之一就是独处，

的确，身处紧张、忙碌的现实世界中，我们的思想渴望得到放松，当头脑、身体和心灵真正安静和谐时，也就是当头脑、身体和心灵完全合而为一时，我们便得到释放。

独处时的思考就是能量的彻底释放，是一种放空自己的方法，是一种忘怀之道，完全忘怀对自己、对世界的所有想象，人就有了截然不同的心灵。它还能帮助我们审视自己，审视周围的世界，看清自己的言行和举动。然而，思想只有在安静的内心环境下才会产生积极作用，否则，很容易产生扭曲和幻觉，此时独处便是很好的选择。

我们不难发现，独处，是让我们内心静下来的最好方法。还能让我们看清自己，看清自己习惯于附着在哪个点哪个地方。或者说，看清自己的人生大部分的时间与精力都倾注在了什么地方，是钱？是情？是权？还是其他什么？它是不是你痛苦的根源？你能不能稍稍放松一下自己？能不能把那种吸附推

得远一些，让自己暂时不再置身其中，去体验没有任何东西可以让你疼痛的感觉。

独处，就是要消化这些不平衡的感觉。消化所有的不能接受的结果，消化种种的抗拒，消化以往未了的事件。随着冰雪消融，我们的心渐渐地柔软，渐渐地喜悦，渐渐地伸缩自如。于是，智慧的力量应运而生。学习自己跟自己在一起的美好感觉吧，当这种美好的感觉越来越稳定的时候，我们的心便不再粘连在那个附着点上。在这种情形下，我们的心才是自如的、喜悦的！

第6章

偶尔喜欢人群，这让我爱上独处

现代社会竞争越来越激烈，身处这个竞争激烈、纷繁复杂的社会环境中，每个人都感觉到压力，不同程度的心理压力，会对我们的心理造成不同程度的危害，而要想健康地生活和工作，重要的方法之一是摒弃孤独心理，主动结交朋友，营造一种健康的生活状态。因此，对于热爱独处的人来说，也要主动走入人群，享受良好的社交关系给自己带来的益处。

聚会的益处，你知道吗

前面，我们谈了独处对于心灵提升和成长的妙处，但我们人类毕竟是群居动物，我们始终要在人际合作和交往中实现自己的社会价值，因此，我们不可过分沉溺于自己的世界，而应该走出去主动结交朋友。同时，从另外一个方面说，也正是因为这样，我们更能挖掘出独处的乐趣。而最常见的群居的方式莫过于参加聚会。

事实上，现代社会，无论我们从事什么工作，要成功，就必须重视关系的营造，有人脉就能得道多助，在与对手的竞争中就会处于优势地位。因此，我们绝不可封闭自己，而是要注重发展人际关系，发展自己的人脉，不仅包括扩展自己的人脉，还包括让关系更加稳固，而要做到这一点，常用的方法之一就是制造聚会。

方先生独自经营着一家纺织厂，他已经快30岁了，但还保持着二十几岁时的心态和激情，经常参加各种同学、老乡聚会等，即使他生意并不好，他自己也经常办聚会。当然，私下里，方先生也是个很喜欢独处的人，但他深知聚会给自己带来的益处。

有一个周末，方先生办了个小型的聚会，邀请朋友来家里聚聚。

这天，在酒桌上，他得知一个同学手上有一批积压的布匹准备低价出售，因为这位同学马上要出国定居，想在出国前处理好这事，当这位同学提到这事的时候，其他人都表示爱莫能助，但方先生心想，这批布匹由于是外贸产品，在国内市场同样也可以销售出去，如果自己低价收购的话，还可以赚些中间利润，而最重要的是，这样做，可以让自己交到一个很好的朋友，大家是同行，也有助于双方建立良好的合作关系。

但当他回到厂里的时候，很多老干部质疑，自己是生产布匹的，厂里的货还没有发出去，怎么还接手这么个烂摊子呢？当他向这帮老干部说明个中利害关系后，大家都表示方先生有先见之明。

果然，这位同学很感激方先生，并表示以后他会把自己的老客户都转给方先生，他还不断向自己的朋友夸奖方先生，为方先生介绍了很多的生意。就这样，在不到两年的时间内，方先生的纺织产品风靡全球，他的生意也越做越大。

后来，方先生常说：“眼睛只盯着钱的人做不成大买卖。买卖中也有人情在，抓住了这个人情，买卖也就成功了一半。”

案例中的这位方先生是非常聪明的，虽然他的生意并不好，但始终保持着热情，懂得利用各种聚会来发展自己的人脉。如果当时他没有站出来为这位同学排忧解难，那么他便会损失很多这位同学介绍的客户，表面上看他吃了点亏，但却交到了朋友，孰轻孰重，明眼人一看就知道。

可能一些人对于此类参加聚会的行为不屑一顾，认为以这种方式结交朋友功利心太强，可是，哪一段友谊能完全摒弃功利呢？完全没有功利色彩的友谊是不存在的。举个很简单的例子，当你认为某个人身上有你没有的技能时，你会选择与之结交，但当你发现他其实是个腹中空空的草包时，你恐怕对他也不会有多大兴趣。生活中，我们经常听到一些人抱怨朋友不讲交情，不够哥们儿。其实，引起抱怨的主要原因就是自己的某种需求没有得到满足，而这种需要何尝不是功利性的呢？

因此，即便你热爱独处，也不能否定参加聚会的益处，并且，现代社会，人们总是忙于自己的工作和生活，都有自己的生活，唯有聚会可以将这些人聚集在一起。因此，我们与人交往，既要学会有的放矢，又要广撒大网，因为建设人脉的前提是认识更多的人。你是否发现，你周围的生活圈子中那些朋友已经很长时间没有更新了？是不是既没有增加新的朋友，也没有新类型的社交活动？那么，如果这样，你就要首先克服这一心理障碍，任何事情的发展都需要一个过程，面对一个全新的环境、不同的面孔，可能你会不适应，但很快，只要你适应这一社交环境，你就能转而开创一个更新、更广的生活圈子。为此，你更应该积极地制造社交聚会，开拓新的社交场所。

在身边朋友举办的聚会中，你可以与他们进一步联络感情，为自己日后的发展打下坚实的人脉基础；在公司举办的舞会上，可以尽情展现自己，表现自信大方的风采。在商务聚会上，你可以结识那些成功的商界人士，为你的人生奋斗历程指明方向……这些无疑都会帮助我们拓展人脉资源！

当然，我们除了参加聚会外，还应该举办各种各样的聚会，广交朋友，彼此之间经常联络感情，关系就会越来越稳固。要知道，人脉资源越丰富，支持我们的人也就越多，无论是做生意还是求人办事，也就顺利得多。这已经是有目共睹的不争事实。

那么，我们该如何举办聚会呢？

1.聚会需要“借口”

你可以选择某个节日、某人生日或者有意义的纪念日，让你的朋友们聚在一起，这是聚会的最佳时机，这可以使大家都不感到突兀，以为天然，轻易接受。

2.注意举办聚会的时间和频率

举办聚会，最好在周末或节假日，这样才不至于打扰他人的工作。另外，不可过于频繁，谁也不愿意三天两头参加聚会。

3.展开联系

在聚会上，你可以与他们展开联系，多与他们联络感情，多问询他们的近况。如果对方有需要你帮助的地方，在能力允许的情况下，你也应当伸出援手，在互相帮助中，才能增进彼此间的关系。

总之，我们任何人，都不要因为热爱独处而一味地排斥聚会，并且要积极尝试举办聚会，以此联络友谊、加深感情！

不认识又怎样，先微笑吧

我们都知道，告别独处，走进人群，就意味着要与人打交道，然而，面对陌生人该如何是好呢？答案很简单：微笑！社会心理学家指出，微笑是与人交流的最好方式，也是个人礼仪的最佳体现。我们可以从日常观察中发现，没有谁喜欢与之交往的对象愁眉苦脸的样子。因此，你若希望给对方留下一个好印象，就一定要学会露出受人欢迎的微笑。

卡耐基说，笑容能照亮所有看到它的人，像穿过乌云的太阳，带给人们温暖。行动比言语更具有力量，微笑所表示的是："我喜欢你，你使我快乐。我很高兴见到你。"人际交往中，我们对他人报以微笑，就会让对方被我们的善意和热情所打动，久而久之，他们也会对我们回以微笑。

在美国芝加哥的一个小镇上，人们每天都要乘专线巴士去芝加哥上班，尽管大家每天碰面，彼此都很熟，但从未打过招呼。人与人之间像是隔了一层纸，近在咫尺却从未有过交集。

一位巴士司机意识到这种情况，他决定改变这种局面。一天，他和往常一样开车去接上班的人们，车上的人也依然如故，或是埋头看报，或是观赏外面的风景。当车子行进到一条山路上，司机突然停了下来。他严肃地对大家说："现在，大家一切听我的命令。"车上的乘客面面相觑，以为出了什么事情，都显得非常紧张，因而，对司机的话都非常顺从。司机说："放下你们手中的报纸。"所有的乘客都放下手中的报纸。司机又说："把你们的头转向你们身边的人，对他（她）微笑，然后说'你好'。"大家照做了。

没有想到，这一个微笑、一声"你好"竟然带来了神奇的效果，车厢里的气氛顿时活跃了起来。人们像是由此打开了话匣子，互相介绍，谈笑风生。在一种愉快与融洽的氛围中，汽车很快就到达终点站。人们向司机投去感激的目光与善意的微笑，大家相约，明天还坐这辆车。

人与人之间的距离，实际上并不遥远，有时候只需要一个微笑就可以拉近彼此的距离。学会给你生活中见到的每个人一个微笑，你的微笑为你传递着友好，你的微笑为你传达了问候，你对别人微笑的时候，别人也会同样微笑着对你。微笑是全世界通用的语言，哪怕你遇到的是一位国际友人，你也可以展现你善意的微笑。微笑带来的魔力是巨大的，它可以让别人感到温暖，也可以令自己感到快乐。人与人之间隔阂的不是思想、意见，更多时候，只需要一个理解的微笑，就可以达到和解。一个微笑可以提升你的魅力，一个微笑可以"化干戈为玉帛"。

然而，现实生活中，却有很多人不苟言笑，为此，我们不妨采取以下几点训练方法：

1.对镜微笑训练法

当你闲来无事时，你可以尝试以下这种训练微笑的方法：坐在镜子前，先整理一下自己的衣服，闭上眼睛，调整呼吸使之匀速。然后开始深呼吸，让你的心静下来，接下来，睁开眼睛，你看到镜子里的你是不是觉得清爽了很多？既然如此，那么，笑一笑吧：让你的嘴角微微翘起，舒展你的面部肌肉。如此反复，训练时间随意。这是一种最常见并有效的训练方法。

2.经常对周围的人发自内心地微笑

你应该注意的是，微笑并不是简单的面部表情，它应该体现整个人的精神面貌。所以，我们可以在平时多对周围的人发自内心地微笑。这样，就能避免在与他人沟通时僵硬地笑了。

3.微笑时要心存友善

只有友好的笑容，才能让他人感受到你的诚意，也才是自然的、能感动他人的。人们常说“伸手不打笑脸人”，因为微笑有一种力量，可以赢得对方的欢心，可以让你产生无穷的亲和力。

其实，微笑本身和个性的内向与外向无关，只要肯去训练，任何人都能拥有迷人的微笑。

请展现你的微笑吧，当对方看到你真诚、愉快的笑脸时，他们就会体验到一种友好、融洽、和谐的欢乐气氛，并因此而深受感染、乐在其中！

我爱群居，也爱独处

朱自清先生曾写过一篇散文——《荷塘月色》，文中有这样一段话："我爱热闹，也爱冷静；我爱群居，也爱独处。"的确，人是群居动物，但也应该享受独处的时光，因为人在独处之时可以想许多事情，可以不受他物的牵绊，让自己的思想尽情遨游，在深思熟虑中获得生命的体验与感悟。这便是孤独的妙处吧。

当今社会，竞争之激烈早已不言而喻，为了生存，为了发展，大家不得不参与竞争，优胜者就会有一种荣誉感，会得意扬扬、傲气十足；而失败者则会有一种羞耻感，自以为在众人面前抬不起头来，这样无疑就加重了自己的心理负担。

复旦大学的教授陈果曾上过一堂关于孤独和寂寞的课。从她的课里，我们知道人是需要一些孤独感的，有时孤独会变成一种幸福。在老子的道教中，最高的境界是"无"。也就是说，一个人在一种很静很静的状态下，才能达到"道"的真正境界，领悟到更多的道理。

我们来看下面这位白领女性的独处时光：

"有时候我会把自己关在房间里，关上窗户，从高高的书架上拿下一本好书，翻开它，细细地品味它，有时突发奇想地冒出一句感想，就马上动笔画一画、标一标；有时候我喜欢一个人在空荡的公园里漫步，饶有兴趣地听着不远处的饭店里传出来的理查德·克莱德曼的钢琴声；晚上，有时我睡不着的时候，就静静地躺在床上，凝望着窗外深蓝色的夜空，让月亮清丽的光辉伴我入睡，让风儿轻柔的歌声催我入梦……

“平时，我是很少有机会享受独处的，便对这种一个月没几天的短暂时光格外珍惜。不过，我觉得，每当我们做作业、看书、学习的时候，就应该保持这样的境界，让我们的心思和注意力全部集中在那一张张白纸黑字上面。”

这样惬意的生活大概很多人都很向往，的确，在人的一生当中，寂寞、独处的时间实在太少，尤其是在这喧哗的世界里，难得寂寞一回！在大都市里，寂寞真的是一种少有的平静，没有压力，没有喧哗，只有安静，只有自己的呼吸，只有平平淡淡。在万物沉睡的深夜，在肃静的内室之中，或是在空旷的郊野，在所有这些寂寞的时候，凡尘的烦琐事务离我们远去，忧虑与烦忧也不再干扰我们，我们的内心自然会生出许多平安欢喜的感激之情，此时思绪静止，内心安详而淳朴，你会感到一种与天地同在的醉意。

其实，真正的独处并不是一个人待着，而是即便身居闹市，也能超然于物外，我们再看下面的一个故事：

美国街头有一名男子，为过路的人弹唱吉他。有一个中国姑娘路过很吃惊！问这男子：“你这么年轻为什么在这街头卖唱？”这男子很吃惊，说道：“我觉得这样很好呀！这样能给大家带来幸福！我每天过得很充实，不觉得低贱。难道金钱就可以决定幸福与否吗！”

从这个故事可以看出，一个人幸福与否来自我们的内心，只有放下对物质的追求，注重精神世界的充盈，那么，无论我们是独处还是身处人群之中，都可以活出自我，得到我们想要的幸福！

学会倾诉，向朋友吐出苦水

前面，我们分析了独处的妙处，但我们依然是群居动物，需要与人打交道，需要结交朋友。我们在人生旅途中，都会拥有几个知心朋友，尤其是当我们身处痛苦之中时，更需要朋友的帮助。

的确，我们每个人都会遇到一定的压力，如果压力过大不加排解、一个人闷在心里或独自受委屈对健康不利。而心理学研究表明，把自己遇到的压力、烦恼对别人说出来，有宣泄的作用。因为与别人交谈能让他们分担你的感受，让压力得到分散。倾诉压力和烦恼的过程，就是整理、清晰自己思路的过程，对减压有益。可见，当我们因为压力而内心郁结时，不妨找个知己倾诉，把烦恼都说出来，这样，你会轻松得多！

上海某学院一栋宿舍楼发生火灾，其中4名女生在惊慌中跳楼逃生，不幸身亡。幸存下来的学生中，有些人感觉到每天都生活得提心吊胆，心里有很大的阴影，不得不回家“疗伤”。

正如心理学家指出的，每个人都应该学习一些有效的心理减压方法。这样做，不但能够减轻这些不良事件对当事人的心理伤害程度，而且还可以帮助我们身边的人更好地处理这些不良事件，何乐而不为呢?

工作、生活中，当你感觉自己承受着过大的心理压力时，不妨试试倾诉法。心理学家认为正确适当地倾诉自己的烦恼，可以帮助我们宣泄内心的压力，但要注意方式和方法，否则会造成新的人际关系问题，从而带来新的烦恼。因此，在运用这种方法时，要注意以下几点：

1.交几个知心朋友

2.注意选择倾诉的对象

当我们感觉到自己内心承受一定压力时，要学会适当地倾诉。在选择这种方式时，一定要注意自己所选择的对象。有些时候造成我们内心产生压力的是一些不能向外人倾诉的隐私问题，因此，这就要求我们选择一些能够替自己严守秘密的朋友，可以是同性也可以是异性，前提是能够确保我们的秘密不会被泄露出去。只有选择对了倾诉对象，才不会给你以后的生活增添新的烦恼。

随着社会的发展，人与人之间的关系异常紧张，多数人会选择不认识的人作为自己的倾诉对象。例如，在网上对网友倾诉等。这种方式既可以有效地释放自己内心的压力，又不会担心日后自己所说的话，对自己造成不利的影响。

3.倾诉的频率

在选择倾诉对象的问题上，有些人不喜欢选择陌生人，他们往往会选择一些自认为比较亲密的人。不管选择什么样的人，都需要注意自己的倾诉频率，不能太过于频繁。如果你经常在某人耳根前唠叨同一个问题，会给人带来厌烦的感觉，可能前几次别人会认真对待，再往下的话，对方也只能抱着敷衍的态度。更有甚者会引发双方关系紧张，为自己带来新的心理负担。

4.主动调整自己的不良情绪

当你向他人倾诉自己的烦恼与压力时，面对对方的开解与安慰要主动调整自己的思维方式，顺着开解者的思维思考问题。俗话说，旁观者清，当你身陷谜团的时候，你可能无法全面了解当前的情形，因而内心会出现这样那样的困惑，所以当你把内心的愤懑之情宣泄出来以后，学会接纳别人的意见和建议，效果就会更加明显。

面对来自工作和生活中的压力，我们只有学会积极主动地化解内心所承受的压力，才能保证身心的健康发展，从而为自己创造高质量的生活。如果你还在为一些事情感到心烦意乱，那么大胆地把内心的苦恼说出来吧，这样一定会有一个好心情来面对以后的工作和生活。

因此，当我们心情压抑的时候，不妨找个倾诉的对象，人的情绪受到压抑时，应主动把心中的烦闷苦恼都说出来，如果长时间压抑的话，就会给人们的身心健康带来危害，尤其是那些性格内向、不善交际的人，他们多半是无法靠自己的力量做好自我调节的，因此，可以选择向信赖的好友倾诉来排解。有些事情其实并不像当事者想得那么严重，然而一旦钻进牛角尖，就越急越生气，如果请旁观者指导一下，可能就会豁然开朗、茅塞顿开。

开放心态，主动结交朋友

俗话说：多一个朋友多一条路。很多时候，我们可以把心中不愉快的事向朋友倾诉，办不到的事朋友也能竭诚相助。然而，如果我们过分沉溺于独处，是无法走出去结交朋友的，为此，我们需要克服自身的心理弱点，并且形成良好的交往品质，进而交到真正的朋友。

一个人是寂寞的，一个人的世界并不精彩，真正的快乐在于分享。那么，何不走出去，对他人敞开心扉呢?

吴女士是我国恢复高考后的第一届大学生。用她自己的话讲，在学校学习乃至后来参加工作，学习成绩和专业技能可以说都是同龄人中的佼佼者。可是她生性胆怯，怕与陌生人打交道，开口讲话就脸红。有时不得不随单位或是丈夫参加一些社交活动，她总是感到非常不自在。最让她感到难过的是年初，单位要搞处级干部竞争上岗，其中一关是“施政演说”。她没有足够的勇气和胆量，最后只好放弃。

她的专业和资历绝不比人差，然而就是这个由“胆怯、害羞”组成的自卑拖了她的后腿！其实也可以说是她的“想法”拖了她的后腿。心态的不开放、想法的单一性也是造成她自卑的主要原因。要想克服胆怯、害羞的种种不良表现须先改变心态，然后再进行必要的心理调试和训练。有以下几种方法：

1.认识到人际交往的重要性

我们发现，大凡成功的人，都不是单打独斗获取成功的，他们更懂得借助他人的力量。正如人们所说的，一个人一生的命运如何，往往取决于他身边的五个朋友，因此，我们每个人都要认识到人际交往的重要性，并努力提升自己的人际交往能力。

在波兰，有个叫波克的人，他的一生具有传奇色彩。

6岁时，他随着家人从波兰移民至美国，然后居住在美国的贫民窟。他只读了6年的书，13岁那年，他从学校辍学来到一家电信公司工作。

不过，他仍然坚持自学，很小的时候，他就知道经营人际关系的重要性。因此，他省吃俭用，买了一套《全美名流人物传记大成》，研习其中的奥妙。

接着，他做了一件让很多人都惊讶的行为，他竟然给书中提到的“大人物”写信，例如，他写信问当时的总统候选人哥菲德将军，是否真的在拖船上工作过。他又写信给格兰特将军，问他有关南北战争的事。

那时候的他仅14岁，周薪只有6元2角5分，他就是用这种方法结识了美国当时最有名望的诗人、哲学家、作家、大商贾、军政要员等。那些名人也都乐意接见这位可爱的充满好奇心的波兰小难民。

就这样，他获得了和很多名人会面的机会，这也是改变他命运的开始。他开始努力学习写作技巧，然后向上流社会毛遂自荐，替他们写传记。不久之后，他便收到像雪片一样的订单，他需要雇用6名助手帮他写简历，这时的波克还不到20岁。

不久，这个颇具传奇性的年轻人被《家庭妇女杂志》邀请作为编辑，并且一做就是30年，将这份杂志办成全美最畅销的著名妇女刊物。

一个只读过6年书的孩子，靠的不是自己的专业知识，而是他出色的人际关系，因为他懂得为人际关系付出，他主动要求为上流社会的人写传记，从而快速地跻身上流社会，是特殊的人际关系，让他从一个一无所有的小难民获得了一般人难以想象的成就。

2.克服自卑，具备自信心

生活中，有这样一些人，与人交往中，他们总是表现得很自卑，甚至躲着他人，走路时低着头，说话声音只有自己听得见，不愿跟熟人打招呼，不敢正视他人的眼睛，这些表现都是社交恐惧和自卑心理在作怪。我们要想处理好人际关系，首先就必须克服这一点。

高度的自信心意味着对自己信任、尊重和肯定，也意味着对自己的实力充分的了解。

对此，我们要把与人交往当成一种兴趣而不是负担，你要明白，现代社会，没有人可以活在自我封闭的世界里，每个人只有在与人交往、不断学习的过程中，才会获得自我提高和发展。

3.区分心理优势和“清高”

心理优势与所谓的“清高”是不一样的概念。有些人，他们总是觉得自己与众不同甚至高人一等，于是，在与人交往中，他们会表现得“清高”、不理人，但实际上他们的能力不一定比他人强，为此，他们只能故作“清高”，将内心封闭起来，即使他人想与他交往，他也会表现得十分茫然、不知所措。而当大家都不理他时，他又会觉得自尊心受到伤害。而有心理优势的人则不一样，他们在与人交往的时候，表现得镇定自若，即使遇到他人的恶意攻击，他们也能坦然面对，这才是真正的气场。

4.时刻保持良好的社交礼仪

中国是礼仪之邦，万事以礼相待，一个懂得礼数的人会由内而外散发出吸引人的气质，这类人往往也不缺朋友。

5.积极暗示，鼓励自己走出去

如果你很想认识一个人，却不敢站出来，也不表露自己的意愿，最终肯定是“无可奈何花落去”“一江春水向东流”，落得个自怨自艾的下场。如果你不勇敢地走出自己设置的心理障碍，不主动展示自己，那么你真的很难做到自信。为此，你不妨告诉自己：我有实力和优势，我的人品和操守足以让人信赖。我有专业能力和无限的潜力，我是最棒的！你必须有自信心，对认准的目标有大无畏的气概，怀着必胜的决心，主动积极地争取。

第7章

爱上独处，在独处中让魅力增值

哲人说，真正的才华、能力和智慧都是在独处中获得的。的确，我们每个人要想提升自身的魅力，就要学会独处。独处时，你可以努力学习、认真阅读，也可以进行一些文艺爱好，但无论做什么，你自身的魅力值都在不断提升。

越独处，越有魅力

关于独处，亚里士多德说过："幸福属于那些容易感到满足的人。"拉布叶说过："我们承受所有不幸皆因我们无法独处。"独处让人思考，让思想升华。对于现代社会的任何一个人，都要认识到独处是提升魅力的重要方法。

有人会认为，幸福的生活来源于花天酒地、夜夜笙歌，而实际上，每个灵魂的深处都喜欢在独处中度过。独处的时候，可以让我们看清自己、看清周围、看清世界。

正如歌德所说："人可以在社会中学习，然而，灵感却只有在孤独的时候，才会涌现出来。"而歌德本身就是个热爱独处的人，在隐居独处中，他度过了漫长的晚年。他以一种超人的毅力，完成了《威廉·迈斯特的漫游年代》(1820—1829)、《新和力》(1809)、《诗与真》(1811—1830)、《意大利游记》(1816—1829)以及不朽巨著《浮士德》。1832年3月22日，歌德于魏玛病逝，终年83岁。

其实，对于每个人来说，独处是一种内心安静的快乐，舒适的服从。伟大的灵魂来自独处的时光，带领我们进入真理的海洋，脱离黑暗的深渊，走向自然的文明。那么，喜欢独处的人究竟有什么样的魅力？

首先，就是他们能静下心来，在这个什么都求快的浮躁时代，拥有安静的心显得十足珍贵。其实，独处的人更会学习，他知道自己要学什么，知道自己欠缺什么，知道自己该怎样做，这一切源于他独处时的思考。

其次，独处的人比他人更优秀，不难发现，任何一个优秀的人或者是成功者，他们内心都住着一个喜欢独处的人，独处的时候他们喜欢看书、喜欢学习、喜欢思考，而思考就会进步。

家喻户晓的第一夫人杰奎琳就很喜欢独处，她人生很长一段时间，都将自己沉浸在书籍的海洋里，也正是因为这样，她的魅力值才不断提升。

有人说："杰奎琳的第一个魅力是深不可测的智慧美。"熟悉杰奎琳的人，都知道她对于书的感情。杰奎琳是一个典型的书迷，她对书的痴迷程度，是常人难以理解的。就连她的丈夫肯尼迪也会惊叹："无法理解她为什么那么喜欢看书。"

她几乎博览群书，不管什么书都看得很认真，尤其喜欢诗集、历史书籍或关于艺术的书籍。随着地位的升高和年龄的增长，杰奎琳看书更加刻苦，并通过读书不断提高自己，如此学习的经历使得她在离开白宫后仍然被人们所记住，在离开白宫后，她反而变得更有名，成了一个更具影响力的女性。

杰奎琳的公寓和别墅里装满了各种书籍，桌子上和桌子下、沙发和椅子上，到处都堆满了书，整个别墅就相当于图书馆。她经常指导朋友希拉里“做一个读很多很多书的女孩”，在杰奎琳看来，要想成为一个传奇女孩，其中的奥秘就是书和学习。

莱因霍尔德曾这样说：“杰奎琳在社会学和神学上表现出的智慧感动了我，我被杰奎琳感动以后，便下决心支持她的丈夫。”戴高乐在见识杰奎琳的智慧之后，这样说道：“杰奎琳女士对法国历史的了解程度远远超过法国本土的妇女们，她并不介入政治，但又给自己的丈夫赋予艺术和文学支持者的名声，自从认识杰奎琳以后，我对美国更加信任了。”

杰奎琳非凡的智慧和魅力可以说大部分是从独处中获得的，尤其是对于读书的热爱。

漫漫人生路，我们任何一个人，都要不断塑造自己优秀的灵魂，而唯有独处，才能让我们认识自己、提升能力、锻造敏锐的思考力，进而让我们历练成为一个有魅力的人，正如人们常说的：“越独处，越有魅力。”

宁缺毋滥，别因“寂寞”而进入婚姻

不知道从什么时候开始，婚恋交友这件原本羞涩而私密的事情，变得越来越公开和高调，但是，表面的骚动并没有让更多的人找到合适的交往对象。而对于一些大龄青年来说，他们通常会保持两个阵营：一个阵营是觉得自己年龄大，不如放低择偶条件；还有一个阵营就是即便自己是“剩”下来的，但还是不会放低自己的择偶条件。为此，在不少青年人中流行这样一句话：“宁缺毋滥。”意思是，宁愿找不到对象，也不能随便找个人结婚，凑合过日子。

除了因为年纪大产生的恐慌外，一些人还容易产生这样一种心理：看到别人出双入对，内心不免产生落寞感，一些人甚至因为“寂寞”而进入婚姻，尤其是女性更有这种恐慌心理，一旦年纪大了，就好像真的被剩下来一样，觉得自己择偶的范围一下子变得狭窄貌似自己真的到了没人要的地步，在这样的恐慌中，她们竟像到菜市场买菜一般，不挑选，随便就找了男人凑合过日子。这样的女人就是将自己放低了，从而局限了自己，而这样随意寻找的对象组成的家庭，是很难幸福的。

小慧有一段长达5年的感情经历，她和男友感情不错，但这段感情还是以男友出国而结束。小慧很难过，现在的她已经28岁了，她已经习惯有男友陪伴的日子，所以，分手后，充斥她心里的不仅是难过，还有很多不适应，就在这个时候，她单位的一个男同事闯入了小慧的世界。

这个男人对她很好，每天早上给她带早餐，下班会绕道开车送小慧回家，一来二往，两个月以后，他跟小慧求婚了，身边的朋友都劝她答应，因为真的到了结婚的年纪，而小慧也习惯被人照顾，所以她就答应了。

然而，结婚后，小慧发现，她根本不了解这个男人，追自己的时候，他殷勤备至，对自己很贴心，但是娶回家，却拿自己当保姆，小慧哪肯这样被人支使？两人经常吵架，小慧没想到的是，有次他竟然醉酒回家打了她，这是小慧绝对不能忍受的，她想到了离婚，但是才结婚不到半年，这让外人怎么说？现在的小慧特别苦恼。

案例中的小慧之所以盲目进入婚姻，就是寂寞惹的祸，在失恋后，为了弥补心灵上的空缺，她很快找到了结婚对象，但事实证明，她太草率了，这样的婚姻，大概也只能以离婚收场。

目前，中国适婚未婚的单身人群有1.6亿，被婚恋困扰人群达2.8亿。调查显示，相对经济窘迫的剩男，剩女多为高智商、高学历、高收入的“白骨精”，在经历过“剩女”时的急躁和担忧之后，有许多大龄“剩女”却有一种前所未有的坦然。

一位30岁的高级白领说：“我未来的丈夫要有梁朝伟的外貌加蔡康永的口才，要能够顾及削苹果、剥虾壳这类小事，不一定要有肌肉，但要爱运动，要有学问，最好对某种东西有深度的研究以便让我产生持久的崇拜感。另外，我认为好男人还要适当有点坏。”尽管她还没遇到这样的男性，但她并不打算放低自己的择偶标准。因为站得比较高，她们并没有局限自己，从而降低自己的择偶标准。

同样，现代社会，越来越多的人开始更加注重婚姻质量以及在家庭中的地位，他们之所以有能力徘徊在婚姻的围城之外，这与他们能耐得住寂寞有很大的关系。相反，一些人会为了结婚而结婚，他们耐不住寂寞，单身对于他们来说太难熬了，所以他们会盲目进入婚姻，而进入婚姻后才发现自己错得离谱。

所以，无论男女，即便你已经被剩下，无论是什么原因，都不要怀疑自己的价值和魅力，更不能因为寂寞而进入婚姻，你也需要坚持宁缺毋滥，不要委屈自己，毕竟结婚是一辈子的事情，选错了那就输了一辈子。对待择偶，需要慎重又慎重，要站得高一点，而不是局限自己。

你需要找一个自己的洞穴

现代社会，生活节奏越来越快，现代人生活的写照不外乎两个字，即忙、盲。每天，大多数人都是在这种快节奏的生活中度过的，大家就像急于赶路的人——天不亮起床，披星戴月才回家，盲目地重复昨天的生活，根本没有时间静下心好好与自己相处，其实，在这纷繁复杂的世界，我们每个人都应该给自己找一个洞穴，充分地享受心灵的无拘无束、自由自在。很多时候，假如你已经习惯了喧闹，往往很难立刻安静下来。

有人曾经说过，人们最大的矛盾就是每天过着自己不想要的生活，重复地做着自己不想做的事，虽然满心抱怨，但是却没有勇气在此刻做出改变的决定。试想，假如我们今天像昨天那样活着，那么，今天最好的结果就是和昨天一样。同样的道理，假如我们明天也还是按照今天活着，那么，明天最好的结果就是和今天一样。这样想来，假如昨天等于今天，今天等于明天，那么昨天就会直接等于明天，而今天就会凭空消失，仿佛从来不存在一样。在这样日复一日、年如一年的枯燥重复之中，生命还有何意义呢？相信没有人愿意过这种生活。假如意识到这个问题，我们就应该立即停下匆忙的脚步，静下心来认真地思考自己究竟要过一种怎样的生活。只有想明白了这个问题，我们才能在纷乱之中保持内心的清静，从而淡定从容地生活。

的确，在这个世界上，很少有人纯粹地喜欢忙碌，大多数人之所以任劳任怨地工作，或者是为了满足自己的某个愿望，或者是为了让家人过上更好的生活。无论出于什么目的，我们都要牢记自己的初衷，不要在忙碌的工作中迷失自己。让我们卸下心中的这份负累，去寻找属于自己的空闲和快乐吧！不妨给自己放个假，寻找生命的意义。很多时候，只要你能从心底里放下工作，静下心来一个人走走，或者什么也不做，静静地坐着，也能够感受到生命的美好以及活着的意义。安详，是真正的生命。一个人如果心里没有祥和之气，就注定永远也无法得到幸福。要想得到幸福，心里必须有“安详”二字。而要想保持一颗祥和之心，就必须学会“放下”。即使工作再忙、压力再大，该放下的时候也要彻底放下。一个人，不管属于哪个社会阶层，拥有怎样的地位，只有内心安详，才能够享受幸福的生活。

一个人出去走走，让心平静下来

现代社会，任何个人都承受着来自各方面的压力，高强度的工作、烦琐的生活、家人的健康以及人际交往中的问题无时无刻不让人产生不良情绪。于是，越来越多的人渴望能自我减压和放松。而“回归自然”“亲近自然”的魅力正在被这些混迹于钢筋混凝土之间的城市人发觉，他们逐渐投身到大自然的怀抱中，呼吸新鲜的空气、寄情于山水之间。

总之，生活于城市中的人，我们应懂得适可而止，再忙，也要在这美好的时节呼吸一下大自然的新鲜空气晒晒太阳，你可以找个最喜欢的地方去旅行，可以在周末爬爬山、游游泳，没有计划，没有进度表，只有和阳光、绿意、清澈的河水一起度过的丰沛的时间。结伴，或就一个人，像阳光一样徜徉。

一度，小米的心情很烦躁，一则是工作上始终不顺利，二则是和老公的感情似乎出了问题，频频亮起红灯。上个周末，他们夫妻俩好不容易都在家休息，但是却因为孩子的吃饭问题而大吵了一架。事后想起来，孩子吃饭简直是一件不值一提的小事情，但是却惹得他们俩大吵大闹。这是为什么呢？小米不禁深思起来。最近两年，因为家里添了个孩子，所以小米和老公的生活陡然忙碌了起来。一方面经济压力更大了，他们已经成了典型的孩奴；另一个方面时间变得越来越不够用。每天，小米从早晨6点起床开始就像是拧足了发条的闹钟，一刻不停地走着，直到晚上将近午夜睡觉，小米每天都觉得自己就像快要散架了一样。为此，小米的心情越来越糟糕，她每时每刻都想歇斯底里地发作一番。而小米的老公则承担了家庭的大部分经济负担，每个月，小米老公不仅要挣出房子的月供，还要挣出孩子的学费，以及各种各样的生活开销。因此，小米老公也像是个充满了火药味的炮仗一样，一点就着。就像上个周末，他们不就莫名其妙地因为孩子的吃饭问题而大吵了一架吗？

眼看着又要到周末，小米的心不禁提了起来。从心底里来说，老公经常加班，难得休息，她也不想和老公闹得不愉快，还把孩子吓得哇哇哭。

这周末，小米突然不想在家，而是驱车去了离家不远的一个森林公园。

雨后的森林公园，空气非常清新，吸一口，沁人心扉，甚至连呼出来的空气也充满了花香。因为刚刚下完雨，很多孩子在河边抓蝌蚪。阵阵蛙声传来，使人仿佛回到了童年。空气中，弥漫着桂花香甜的味道，还有小鸟叽叽喳喳的叫声，宛若天籁之音。刚刚冒出来的树叶一片新绿，经过春雨的洗涤，显得更加清新。即使空气，也像是过滤过似的，连一丝灰尘的味道都没有。水面上，不时地有鱼儿冒出来透气，调皮地吐出一个又一个泡泡。漫步在林间小道，脚步声沙沙作响，使人的心里暖暖的、痒痒的。

在鸟语花香的大自然的怀抱中，小米心情突然大好，之前的不快情绪也都烟消云散。回家后，她主动和老公沟通，谈了他们最近一段时间的生活。在倾心的交谈中，正如小米所预料的那样，他们一家三口度过了一个愉快的周末，平静而温馨。

其实，大自然有神奇的魔力，不仅赋予人们新鲜的空气，而且大自然中的声音都是天籁之音。随着生活节奏的加快，现代人的心态也越来越浮躁，假如能够抽出时间来融入大自然，呼吸新鲜的空气，静下心来聆听大自然的天籁之音，那么，人们的内心自然就会平静很多，心态也会慢慢地平稳下来。

如今，越来越多的人拥入城市，飞速发展的城市更是标志着人类走向文明和成熟。但是，凡事都有两面性，在走进城市的同时，我们无疑失去了大自然。大多数人身处闹市，整日面对着鳞次栉比的高楼，在闪烁的霓虹灯之下，我们已经遗忘大自然的味道。猛然惊醒的时候，我们才发现自己更需要的是一轮满月的天空、一份清新纯净的空气、一汪清澈流淌的河水……假如我们能放缓脚步，融入大自然，聆听大自然的天籁之音，呼吸沁人心脾的新鲜空气，就能够静下心来，好好地享受生命。

独处时培养一些高雅的情趣爱好

生活中，不少人寂寞无聊的时候要么整天窝在沙发里看冗长的肥皂剧，要么终日流荡在酒吧，要么把大把的时间浪费在与朋友吃喝玩乐上，却很少有人愿意抽出一点时间去看看画展、听一听音乐会，接受艺术的洗涤。而那些懂得品味艺术的人，无论是绘画、音乐，还是文学，他都能娓娓道来，自有独特的见解。这样的人，自然是别有一番风情在眉梢，隐约透出浓郁的艺术气息。

因此，我们在独处时不妨也培养一些高雅的情趣爱好。的确，培养文艺爱好，能丰富自己的心灵，那些有文艺气息的人，即使再忙碌，他们也会用文艺来丰富自己的心灵，因此，他们的生活绝不是枯燥无味的，无论在人生的什么阶段，他们总是能散发出与众不同的气质。

郭倩如，法国高等社会科学院艺术品拍卖行政博士候选人，国际高等艺术管理学院艺术企业行政硕士。同时，她也是中国台湾罗芙奥股份有限公司总经理、睿芙奥艺术顾问公司总经理。她主持过数十场国际级大型艺术拍卖活动，历创台湾每年单场拍卖的最高成交金额纪录。

当然，女孩喜欢艺术的形式有很多种，但她却选择了艺术的鉴别与欣赏。虽然已经年过三十，她却依然时尚、雅致、深沉、温和而古典，嘴角永远向上，眼神自然流动，一颦一笑都荡漾着浓浓的女孩味。这实在是一个优雅平和的女孩，她喜欢文艺复兴时期的画，每去一次巴黎都花上一个晚上的时间泡在卢浮宫里，只看达·芬奇、拉斐尔、米开朗基罗。同时，她以专家和名流的身份轻松出入全世界最顶尖的艺术和奢侈品场合，用不容置疑的口吻告诉任何一个艺术家和首富，这件艺术品的价值和财富增长的秘密。

可以说，艺术在郭倩如的身上展露得淋漓尽致，而作为一个女孩，或许选择做与艺术相关的工作，是极其寂寞的。这就意味着要把青春与美丽都献给崇高的艺术，甚至穷其一生。但是，热爱艺术的她并不这么想，为艺术献身是最光荣的事情，甚至直至自己生命的最后一刻，都要为艺术而燃烧。

当然，热爱艺术并不是附庸风雅，也不是拿来作秀的，而是基于内心对生命和生活那种极度的热爱，自然流露出对艺术的浓厚兴趣，让自己的生活充满着艺术的气息。做一个热爱艺术的人，让艺术成为自己生活的一部分，慢慢品尝生活的美妙。

生活中，任何一个人，都可以从以下几个方面培养自己的文艺修养：

1.绘画

生活中，有这样一些人，他们有双神奇的手能将美好永远记录下来，他们就是懂绘画艺术的人，无论外在世界如何变化，他们总是能找到让自己沉静的方法；他们不羡慕那些坐拥财富名利者，他们总是一身粗布衣服，并且总是沾满了颜料，但他们似乎具有某种魔力，经过他们点缀的空白纸张立即栩栩如生；当周围的一些人感叹内心空虚、时光难熬时，他们却因为审美、绘画技巧的提高而欣喜若狂……他们爱艺术，尤其爱绘画，因为他们觉得，画纸上的一切才是永不过时的美丽。

2.舞蹈

也许在你小的时候，曾在头脑中幻想过这样的场景：在一片空旷的场地上，音乐声缓缓奏起，你穿着一双舞鞋，在音乐声中尽情地舒展自己的身体，表达自己的心情。

舞蹈能给我们的生活带来许多快乐。舞蹈要求动作优美，富有表情和节奏感，一般与音乐与光相结合，给人以强烈而直观的美的感受，也可以培养我们对体形美的认识和韵律感。

3.摄影

有人说过这样一句精辟的话语：摄影家的能力是把日常生活中稍纵即逝的平凡事物转化为不朽的视觉图像。我们可以说，任何一个热爱摄影的人都是生活的艺术家，都热爱生活，都有一双捕捉生活中美的眼睛，他们眼中的世界是另一种模样。

当然，除了以上几个方面外，我们可以学习的还有很多方面，在竞争激烈、节奏加快的现代社会，为了事业而奔波，很多人都忙于追求名利、追求物质，却忽略了自己的内心，而当一个人独处时，可曾想过是否错过生命中更重要的东西？

第 8 章

抵御诱惑，从独处中寻找精神力量

在物质财富极大丰富、文化多元的现代社会，处处皆有诱惑。面对诱惑，有的人心神不宁，最终被诱惑俘虏，放弃了做人的底线；有的人坚守自我，坚持自己的原则，不为诱惑所动。无论怎样，我们只有经常独处，在独处中反思自我、提醒自己，才能远离诱惑、远离危险、坚守内心。

世界那么大，处处皆有诱惑

在这个世界的每一个角落里，都充满了诱惑。各种各样的诱惑像空气一样，无所不在，无孔不入。有的人秉持自己的内心，面对诱惑不为所动；有的人充满贪念，面对诱惑心神不宁。面对着繁华的大千世界，有太多的物质诱惑使我们眼花缭乱，在金钱、名利的诱惑下，又有多少人丧失了最初的善良、生活的目标、做人的底线。在诱惑面前，人们的欲望在急速膨胀，渐渐地迷失自我，走向无底的深渊。在诱惑面前，多少灵魂摇曳不定，失去了人生的方向和目标，伸出了罪恶的双手。

在清代民间，人们常说，“和珅跌倒，嘉庆吃饱”。和珅之所以为千夫所指，可以说，就是因为他被金钱的欲望控制，而走上了一条不归路。

和珅是清朝乾隆、嘉庆年间的朝廷重臣，在他为官之初，也一心报效国家，与朝中的清官一起打击福康安、福长安等贪污官员，更在26岁时就任管库大臣，管理布库，在这一职务中，他学习如何管理财务，勤勤恳恳地管理布库，令布库的存量大增，他凭借这些才干，得到乾隆的赏识。

乾隆四十年，和珅擢为乾清门御前侍卫，兼副都统。乾隆四十年十一月再升为御前侍卫，并授正蓝旗副都统。乾隆四十一年正月，授户部侍郎；三月，授军机大臣；四月，授总管内务府大臣。这两年间，和珅清廉为官，勤奋好学，成为一位有为的青年。

乾隆四十五年正月，海宁揭发大学士兼云贵总督李侍尧涉嫌贪污，乾隆下御旨命刑部侍郎喀宁阿、和珅和钱沣远赴云南查办李侍尧。起初毫无进展，后来和珅拘审李侍尧的管家赵一恒，向赵一恒严刑逼供，赵一恒起初还拼死抗争，拒不招认，后来终于奈不住痛楚，把李侍尧的所作所为一一向和珅做了交代。和珅有了坚实的证据，心里就有了底。他把赵一恒交代的事项笔录下来，又命人召来李侍尧属下的大官员，当着他们的面宣告赵一恒的供述，那些原来忠于李侍尧的官员见和珅已掌握证据，于是纷纷出面指控李侍尧的种种罪行，就连那些曾向李侍尧行贿的官员，也申明自己是迫于李侍尧的淫威，被迫行贿的。和珅取得了实据，迫使精明干练的李侍尧不得不低头认罪。和珅也因此被提升为户部尚书。

李侍尧案审结后，李侍尧被判斩监候，李侍尧和他的党羽一大份财产被和珅私吞，加上乾隆的赏赐，和珅终于初尝掌握大权大财的滋味。后来，和珅的长子丰绅殷德被乾隆指为十公主额驸，领受乾隆赏赐黄金、古董等，百官争相巴结。和珅起初不受贿赂，但日子一长，便开始贪污，他广结党羽，形成一股大势力（讽刺的是，党羽中包括当年在云南对和珅百般羞辱的李侍尧），更培植犯罪集团用以迫害政敌、地方势力和人民，俨然成了一个金字塔式的大贪污集团，和珅就立在金字塔的顶端。

嘉庆登基后，列出和珅20条罪状，后被嘉庆皇帝赐死。

乾隆年间，和珅为皇上宠信至极，官阶之高、管事之广、兼职之多、权势之大，清朝罕有。但这一切都是过眼云烟，损害了人民的利益，欺上瞒下，最终落得了个狱中自尽并遗臭万年的凄惨结局。而我们不难发现，为官之初的和珅原本是个清廉之人，但李侍尧案后，他尝到了金钱的滋味，才一失足，形成了错误的人生态度，最终成千古恨。

很多人失去了生活的方向，找不到自己的位置，徘徊在闪烁不定的霓虹灯下，为了开上名车、住上好房，不惜铤而走险，走上犯罪的道路；还有很多官员，为了拥有更多的金钱，放弃了做人的原则，成了国家的蛀虫；行走在大街上，老夫少妻屡见不鲜，现在的很多年轻女孩已经没有耐心和自己的爱人一起创造美好的生活，她们为了享受现成的好房子、好车子，义无反顾地扑进老男人的胸膛；很多男人也不再满足于家里的半老徐娘，他们被满大街穿着暴露、浓妆艳抹的年轻姑娘吸引着，心向往之……总而言之，这世界是那么大，到处都有诱惑，不管你走到哪里，诱惑都会像细雨一般洒落在你的身上，沁湿你的心灵。

其实，我们不难发现，即使在今天，也有一些人，他们原本一直都走在一条正确的人生道路铺成的康庄大道上，但却经不住诱惑，为自己埋下了毁灭的炸弹。这种错误的人生态度一旦蔓延到民族或者人类这一大群体上，就会产生严重的后果。

努力、诚实、认真、正直……严格遵守这些看似简单的道德观和伦理观，并把它们作为自己的人生哲学或人生态度不可动摇的基础，坚守这些，方能把控欲望、远离诱惑，实现人生价值。

然而，要抵制诱惑，需要我们的静下心来，在静思独处中提升自制力。古人云，无欲则刚。假如我们能够降低自己的欲望，控制自己的贪念，只争取自己应该得到的东西，我们就能够更轻松地获得满足。这样一来，既避免心神不宁的痛苦，也使自己的幸福感得以增强。

对抗诱惑，只有意志力还不够

生活中，人们常说，人生漫漫，我们永远不知道明天会发生什么，然而，在这条未知的路上，充满了各种各样的诱惑，金钱的诱惑、美色的诱惑、名利的诱惑、地位的诱惑……人都是有弱点的，欲望越多的人弱点也就越多。陷入深渊的可能性也就越大。可见，诱惑与欲望是一对孪生兄弟，诱惑是深渊，欲望是陷阱，一个人一旦被欲望控制，对诱惑也就失去了抵抗力，因此只要稍不小心就会给自己带来麻烦，成败功过都会在一念之间决定，所以要想躲避这些陷阱、深渊就要清醒地认识它们，才能够躲得过、避得开。

生活中，人们之所以会做那些让自己后悔的事，归结起来，大多也是因为自制力薄弱，抵挡不住诱惑，因此做了不该做的事。要培养坚定的自制力，首先要从心里认识到自律的重要，然后才能自觉地培养。只有坚决地约束自己、战胜自己，最终才能控制欲望、抵抗诱惑。

抵抗诱惑，只有意志力还不够，我们还要有一颗淡定的心。《论语别裁》中说："有求皆苦，无欲则刚。"其实，欲是人的一种生理本能，每个人都有形形色色的"欲"，有的时候，合理的欲望是人们生存的原动力。不过，凡事都不可过度。假如对欲望不加以合理的控制，人们就会有越来越多的贪念，最终导致欲壑难填。在生活中，越来越多的贪求欲者被物欲、财欲、权欲、色欲等迷住心窍，攫求无度，终至纵欲成灾。然而，一个人活着就无法摆脱各种各样的欲望，只要有欲望，就会有所求，而有所求又必然导致人们与痛苦纠缠。

中国人常说"欲望无止境"。孔子也说过一段很有名的话："富与贵，是人之所欲也，不以其道得之，不处也。贫与贱，是人之所恶也，不以其道去之，不去也。"意思是：富贵是每个人都想要的，但如果不是用光明的手段得到的，就不要它。贫贱是每个人所厌恶的，但如果不是以正大光明的手段摆脱的，就不摆脱它。也就是说，我们每个人都有追求成功和幸福的欲望，但不能被欲望控制。

对某些人来说，生命是一团欲望，欲望不能满足便痛苦，满足便无聊，人生就在痛苦和无聊之间摇摆。这样的人生无疑是可悲的。

尼采说，人最终喜爱的是自己的欲望，不是自己想要的东西！能够控制欲望而不被欲望征服的人，无疑是个智者。被欲望控制的人，在失去理智的同时，往往会葬送自己。

我们先来看下面这样一则寓言故事：

一只正在偷食的老鼠被猫逮住。老鼠哀求："请放过我吧，我会送给你一条大肥鱼。"猫说："不行。"老鼠继续说："我会送给你五条大肥鱼。"猫还是不答应。老鼠仍不死心："你放了我，以后我每天送给你一条大肥鱼。逢年过节，我还会拜访你。"

猫眯起眼睛，不语。

老鼠认为有门儿，又不失时机地说："你平常很少吃到鱼，只要肯放我一马，以后就可以天天吃鱼。这件事情只有天知地知、你知我知，其他人都不知道，何乐而不为呢？"

猫依然不语，心里却在犹豫：老鼠的主意的确不错，放了它，我能天天吃到鱼。但放了它，它肯定还会偷主人的东西，胆子越来越大。我再次抓住它，怎么办？放还是不放？如果放，它就会继续为非作歹，主人会迁怒于我，把我撵出家门。

那时，别说吃到鱼，就连一日三餐都没了着落。如果不放，老鼠或其同伙就会向主人告发这次交易，主人照样会将我扫地出门。如果睁只眼闭只眼，主人会认为我不尽职守，同样会将我驱逐出去。一天一条鱼固然不错，但弄不好会丢掉一日三餐，这样的交易不划算。

想到这些，猫突然睁大眼睛，伸出利爪猛扑上去，将老鼠吃掉了。

猫是聪明的，它的选择也是正确的。面对老鼠的许诺，它最终还是选择了一日三餐。一日三餐便是它的底线。猫当然希望一日一鱼，但连起码的一日三餐都保不住的话，一日一鱼便成了水中月、镜中花。

可悲的是，现实生活中的一些人，总是不安于现状，他们并不是被那些“一日一鱼”所诱惑，而是总有无止境的追求，于是，便在这所谓的追逐中失去了原本快乐的自我。

古人云：壁立千仞，无欲则刚。在诱惑面前，我们只有做到“无欲”，做到心理平衡，才能抵挡得住诱惑。具体来说，我们应做到：

第一，坚定信念。

信念是一股强大的精神力量，它能起到支持我们行动的作用，是我们不断努力的力量源泉，还可以为我们的内心穿上一层保护衣，从而屏蔽诱惑。所以，在遇到诱惑的时候，尤其不要放弃你心中的信念，因为它是你继续前进的动力和生存下去的支柱。

第二，认清不良诱惑的危害。

面对纷繁复杂的诱惑，人们必须保持足够的定力，认清它背后存在的各种危险，因此，当你彷徨的时候，不妨问问自己："如果我做了这件事，会有什么后果？""它是不是真的能带来成功呢？""为此，我会失去什么？"多问自己几次，你就能权衡出利弊得失。

第三，做到专注于本职工作与慎微并行。

抵制诱惑是一种意志和信念的较量。这需要掌握一种有力的心智盾牌——专注，唯有专注才能抵御诱惑。俗话说："勿以善小而不为，勿以恶小而为之。"如果小事不注意，小节不检点，久而久之，必然会出大格。

冷静下来，别迷失自己

不得不说，高速运转的现代社会让我们变得浮躁起来，在灯红酒绿的都市生活中，到处充满着诱惑，面对这样的情况，多少人能真正做到静下心来？事实上，越来越多的人开始迷失自己，丢失本心，因此，我们有必要远离浮躁的人群，适时独处，让自己的心静下来，思索我们的人生。

米兰·昆德拉曾经说过："欲望是一种美！"的确，人生就是由很多欲望组成的，人们通过不断地满足自己的欲望，走完人生的一大半路程。正是因为有了欲望，人们才有了成功的动力。但是，欲望不能过度，一旦过度，人们就会迷失在欲望之中，忘记自己最初的目的。有位名人曾经说过，人之所以活得很累，就是因为欲望太多。不过，人生也不能没有欲望，否则，就会浑浑噩噩地度过每一天，没有任何追求。由此可见，适当的欲望是成功的原动力。

然而，一旦欲望占据我们的内心，我们就会迷失自我。尤其是现代社会，人们对生活的要求越来越高，对物质的追求也越来越强烈，因此，不少人在利益面前迷失了自己，失去了人生的方向。很多人为了追求金钱、名誉、权力，丧失了做人的原则，贪心不足地追求个人利益最大化。

一位学者说："当一个人走上追逐名利的道路，就意味着他已经走上了一条不归之路。"想想那些走进高墙铁网生活的贪官，事实的确如此。这些贪官为了追求物质的享受，失去了生命的自由，失去了国家的信任和人民的爱戴，失去了曾经拥有的一切。如果说失去是一种得到，那么，他们的得到则是一种更大的失去。但是，在进入高墙之中，在失去自由之中，他们终于有机会静下心来想一想自己的人生，想一想自己活着的意义。是失去还是获得？是获得还是失去？其实全在于自己的内心。

有人说，生活最大的智慧就是了解自己的需求，因为大凡正当的欲望都是合理的。相反，假如追求太多的东西，就相当于为自己的生活套上了沉重的枷锁。众所周知，人最宝贵的是自由，假如失去了自由，还何谈快乐？由此可见，只有抛弃不必要的欲望枷锁，才能找回幸福简单的生活！

的确，在这个纷嚷嘈杂的世界，金钱、美色、权力、地位、名声充斥整个现实生活，给人们太多的诱惑，于是人们更多地注重对身外之物的关注和追求，迷失在物欲横流中。这个事实引人深思，发人深省。

不迷失自己，还需要做到常反省自己。人虽然是不断前进的，但前进的过程中，难免会出现一些阻碍、陷进等。一个人想不迷失自己，就应时时反省自己，排除前进道路上的种种诱惑和阻碍，从而使人生之路越走越宽。

不迷失自己，就要懂得享受宁静。脱下职业装换上流行时装走进灯火酒绿的地方，好像是现在人们放松的一种方式，随着灯光的闪烁人们摇甩着头发，这真的是一种放松的方式吗？灯火酒绿下，不知今夜又有多少无辜的少女或者少男沉醉在此？这是一种解脱的方式吗？

总之，在灯红酒绿的现代社会，我们不能迷失自己，要告诉自己，不管遇到什么事情都要冷静，不管遇到多大的风浪都要坚定自己的立场。

围城中的你如何抵抗婚外诱惑

现代社会，充斥在我们周围的诱惑太多了，婚外情就是诱惑之一。一些人在结婚之后，逐渐厌倦了平淡如水的生活，于是内心蠢蠢欲动，寻找婚外情，背叛爱人和家庭，殊不知，这是对家庭的巨大伤害，甚至可能让婚姻破裂。其实，平淡才是幸福婚姻的真谛，用心生活，用心感受生活中点滴的幸福，婚姻才能经得起平淡的流年。

有句俗话说："婚姻如饮水，冷暖自知。"每个人都会步入婚姻的殿堂，和另一个人开始过一种新的生活。但正如钱钟书先生在《围城》中所描述的：围在城里的人想逃出来，城外的人想冲进去。的确，相爱容易，相处难。然而，无论如何，我们都要经得住婚外情的诱惑，要知道，外面的世界虽然精彩，可是也无奈和虚伪，平淡才是真，爱人才是你永远的守候。

对于"外遇"，我们看看哲人苏格拉底是怎么界定的。

苏格拉底的妻子是个悍妇，但却也是个美丽的女人。在苏格拉底50岁那年，这个才刚满18岁的女人疯狂地爱上他，在一番主动追求后，她终于如愿以偿地成为苏格拉底的妻子。

很多人感到诧异，这对看上去很不般配的两个人是怎么走在一起的。

终于有人来向苏格拉底讨教经验了："苏格拉底先生，你是用什么方法将这么漂亮的小姑娘'骗'到手的呢？"

苏格拉底很淡定地说："要说什么方法，我实在没有，我只是专心致志地做自己的事，我也没有工夫去做那样的事。"

这个人不相信，便继续问："这么漂亮的姑娘，你不主动出击，她怎么可能会爱上你呢？"

苏格拉底抬手指了指天上的月亮说："看到天上的月亮了吧，我们越是疯狂地追逐它，越是抓不住它，而如果我们专注于脚下的路，一直往前走时，它却会一直在你身后。"

这个人若有所思。

对于自己的悍妻，无论周围的人怎么评论，苏格拉底从不在意，他说："婚姻是一种分析、判断和综合平衡的结果。"他认为，婚姻的真谛是平淡，直到他离开人世，他和妻子过的一直是年年如一日的平淡日子，他每天去广场和街上讲授知识，他的妻子操心家务。即使每天喝白米粥，他们依然觉得幸福、快乐。

一次，苏格拉底的学生柏拉图问他什么是"外遇"。

苏格拉底没有直接回答，而是还和从前一样，让他去树林走一次，这次可以来回走，在途中要摘一支最好看的花。

柏拉图充满信心地出去。

两小时后，他精神抖擞地带回了一支颜色艳丽但稍稍蔫掉的花。

苏格拉底问他："这就是最好的花吗？"

柏拉图回答老师："我找了两小时，发觉这是盛开得最美丽的花，但我采下带回来的路上，它却逐渐枯萎。”

这时，苏格拉底告诉他：“那就是外遇。外遇是诱惑，它虽然激烈，但只是昙花一现、稍纵即逝，是留不住的。”

这里，苏格拉底给我们讲了一个道理：婚姻生活，平平淡淡才是真，不需要太多的激情和浪漫。对于婚姻，我们只有学会珍惜和满足，才不会让自己的心偏离正轨。

人们对于婚外的诱惑之所以抵抗力不强，是因为他们没有认识到一点：婚姻本就是平淡和烦琐的，要知道，“婚姻是唯一没有领导者的联盟，但双方都认为他们自己是领导”。之所以这样说，就是因为婚姻需要夫妻双方共同经营。的确，一个家庭建立起来不容易，靠的是一砖一瓦、一丝一缕的温暖与感情，但想摧毁它却是非常的轻而易举。其中婚姻最大的杀手就是婚外情。

我们每个人都希望婚姻能与爱情一样甜蜜、温馨，但爱情与婚姻确实有着本质的不同，婚姻终究是平淡的，因此，对于爱情与婚姻的过渡，我们也要调整自己的心态，再热烈的爱情最终也要归为平淡。任何爱情，只有经得起平淡的流年、时间的考验，才能修成正果，愈久弥香。

学会享受平淡的婚姻，需要我们明白如下几点：

1.浪漫是婚姻的奢侈品

爱情与婚姻中，无论是男人还是女人，都希望自己的伴侣能为自己制造浪漫。诚然，浪漫能调节枯燥的婚姻生活，让爱情富有新鲜感，但一味地苛求浪漫，会让对方产生负重感。另外，浪漫是需要代价的，首先需要我们考虑的就是现实的因素，制造浪漫一定要以现实生活为前提，吃不饱穿不暖的情况下又何来浪漫？有句名言说“浪漫就是慢慢地浪费”，不得不承认的是，大多数浪漫爱情的背后，都隐藏着高昂的经济成本。

也就是说，在基本生活得到保障的情况下，偶尔制造一下浪漫，可以调节爱情与婚姻生活，让枯燥的生活增添一些色彩，让你的爱人更爱你，但如果不考虑双方的生活情况，希望每天的生活中都充满惊喜，那么，你就太贪心了。

2.学会感知真正的浪漫

在很多人眼里，所谓的浪漫就是要和高贵的服装、精美的食品以及重金打造的约会氛围相关联，而实际上，这是一种错误的想法，浪漫是一种情感，而不是一种硬性规定，当你能赋予它属于自己的含义时，你就明白了什么是真正的浪漫。例如，对于一对婚龄很长的夫妇来说，偶尔的一封情书就是浪漫，餐桌上互相夹菜也是浪漫，甚至相拥而睡时的一句晚安都是一种浪漫。

3.以平和心面对夫妻矛盾

家庭矛盾是无法回避的，既然有矛盾就会有斗争。夫妻相爱一生的经历也是“战斗”一生的过程。争吵作为一种“战斗”的方式，有时也是一种必要的而且行之有效的选择。因此不要将吵架视为洪水猛兽，吵架是我们家庭生活中的一部分，正像天晴久了会下一阵雨一样自然。

总之，一种健康的家庭关系，是需要经过一段漫长的、风风雨雨的过程，这也是每个人一生必修的功课，需要双方不断自我反省和调整，更重要的是两个人都懂得珍惜，在爱中学习爱。

在独处中沉淀思想，方能内心平静

人活在这个世界上，无非是为了使自己更加快乐幸福而已。然而，什么是快乐呢？对此，古希腊哲学家伊壁鸠鲁曾说过这样一段话："我们所谓的快乐，是指身体的无痛苦和灵魂的无纷扰。不断地饮酒取乐，享受童子和妇人的欢乐，或享用有鱼的盛筵，以及其他的珍馐美馔，都不能使生活愉快；使生活愉快的乃是清净的静观，它找出了一切取舍的理由，清除了那些在灵魂中造成最大纷扰的空洞意见。"因此，我们可以说，快乐的根本是心灵的宁静。

要学会宁静地生活，最重要的是摆正自己的心态。拥有一份恬淡的心境，对于万事万物，不骄不躁，那么，你就懂得幸福的真谛，然而，思想的沉淀需要我们学会独处，在独处中沉淀思想。

我们先来看看下面一则故事：

有个成功人士，他和很多创业者一样，经过一路艰辛和坎坷，终于创下了自己的事业。

十几岁时，他给人做体力活，每天天不亮就起来，凌晨以后才睡觉，没有亲人，没有朋友，只有努力工作，那时候，他的梦想是拥有一家自己的店面。

几年后，他有了一点积蓄，于是，他用这笔钱盘下了一间店做起了生意。那时候，虽然忙点，但生意还是不错的。他没有闲钱雇用伙计，什么都自己亲自动手，他心想，过几年，生意做大了再休息吧。

又过了几年，他凭借自己的努力，生意越来越好，店也开得越来越多，每天资金流动量很大，他更不放心把生意交给别人打理，还是自己苦拼，联系货源、接待客户、管理账目……没黑没白，忙得如有狼在后面追一般。看他真的好辛苦，有人就劝他："你放一放可以吗？好好地休息一天，看看世界会不会改变！"

他回答："那怎么行，我若不做，别人就会抢走我的生意，前面的那些大户我会追不上的，后面一些中小户又逼上来，放一放，我会落在后面的。"

终于有一天，他累倒了，被迫躺在病床上不能动，他的生活里突然少了工作、生意，他终于有时间好好想想自己的人生。

一天，他亲眼看见一个病友被抬进手术室再也没回来。"那是个多么年轻的小伙子啊！"他感叹道。

那张已经空了的病床，让他感慨颇多，他突然明白一个道理：人由生到死其实只是一步的事，人生苦短，何苦让自己过得这么辛苦呢？一直以来，自己的名利心太重，想要的太多，然而真正得到的却很少。如果不是这次病倒，他会一直拼到50岁、60岁，甚至更久，没有娱乐，没有休息，最后两手空空地离开这个世界，这是一件多么可悲的事啊！

出院后，他好像脱胎换骨似的，生意还在运营，只是交给下属打理，即使那人有了失误，他也不大在意，人们还经常在高尔夫球场上看到他，有时他也慷慨地与家人坐飞机到外地旅游。

终于，他了解了生活的真谛，终于找到所谓的放下——这颗人生中最宝贵的钻石。

可以说，这位富翁是因祸得福，因为生病住院，他获得了独处的机会，进而思索自己的生存方式，最终明白幸福的真谛。

那么，当我们独处时，我们该如何沉淀思想，以此获得宁静的幸福呢？

1.比较法

例如，当你认为你的物质生活得不到满足时、房子不够大时车子不够豪华时，你想过没，还有多少人正在为房子忧愁、为明天的家庭开支担忧？这样一比，你就会觉得自己其实是幸运的，也就不再为那些外在的物质生活而忧愁。

其实，我们自打出生起，都一直在孜孜不倦追求一样东西，那就是快乐，无论是追求财富、名利、地位等，都是为了获得快乐。

人们都有自己追求的目标，都希望能早日达成自己的目标，而一旦实现以后，人们常把放松的心情解释为幸福。好像事情越难做，成功后的幸福感就越强。不可否认，这种解脱，让我们感到真实的快乐，但事实上，它并不是真的幸福，而是“幸福的假象”，正是对幸福的错误理解，导致一些人在人生道路上不停地追逐，不懂知足，而最终，他们错过了很多沿途的风景。

现实生活中，牵绊人们脚步的因素总是很多：懂得珍惜，最为可贵，善于知足，德国哲学家叔本华曾说过：“我们很少想到自己拥有什么，却总是想着自己还缺少什么！不要感慨你失去或是尚未得到的事物，你应该珍惜你已经拥有的一切。”

2.注重精神世界的充盈

细心的你也可能发现，那些爱看书、听音乐、旅游的人，他们看起来笑得更舒心，因为他们的业余生活是丰富的、充足的，他们不会为那些虚无缥缈的物质生活烦恼，他们满足于现在的幸福生活。因此，丰盈精神世界是克制我们欲望的良好方式。

总之，快乐、幸福的感觉，依托于物质的满足、成就的获得等，而它的源泉，则在于懂得知足和时刻珍惜。懂得珍惜，最为可贵，善于知足，最为幸福。

第9章

静静地思考吧，智慧钥匙藏在独处的门后

生活中，我们每个人，无不希望有清醒的头脑和敏锐的思维，清醒的头脑让我们具备做事的原则性，引导我们积极向上、开拓进取，而敏锐的思维更是我们解决问题的前提，这些都是我们难得的智慧。不过，这一智慧往往都是在独处中静心思考才能获得的。那么，我们在独处时该如何获得这些智慧呢？本章我们将揭开谜底。

你要明白的是，不存在绝对完美

生活中，我们每个人都被告知要力求完美和成熟，我们都在极力表现自己完美的一面，都在追求完美的人生，然而，真正的完美是不存在的，每个人的生命，都被上苍划了一个缺口，例如，我们发现，那些长相漂亮的女士，却未必有智慧的大脑；那些有钱的夫妻，未必关系和睦；有的人家财万贯，却被病痛折磨，等等。因此，在独处思考时，你不妨告诉自己，对于生活中的缺失和不足，不妨宽心接受，放下无谓的苛求和比较，这样反而更能珍惜自己所拥有的一切。

哲人说，完美是一座无人能抵达的宝塔，人们总是倾其所有来追逐它、向往它，但是，却永远难以到达。完美只能作为一个追寻的目标，不可能把它当作一种现实的存在，否则你将陷入自我矛盾中而无法自拔。生命的美丽在于真实，纵然有缺憾，却是无法复制的无与伦比的美丽。在很多时候，我们没有必要凡事要求完美，生命一定是伴随着遗憾，只要足够真切，生命一样会绽放出最灿烂的光辉。

可见，追求完美固然是一种积极的人生态度，但如果过分追求完美，而又达不到完美，就必然会产生浮躁。过分追求完美不但得不偿失，反而会变得毫无完美可言。

一天，因为单位某同事喜得贵子，小王和单位其他同事一起前来道贺。来到同事的家，小王环顾了一下，发现同事的家布置得很温暖，尤其是悬挂着的那些花花草草，更是为整个家增添了几分情致。

正当小王观赏之时，同事说：“这几盆花草有真有假，你们看出来了吗？”

“我怎么没有看出来呢？”另外一个同事反问道。

“谁能不用手去摸，不靠近用鼻子闻，在五米以外准确地指出真假花，我就送给谁一盆郁金香。”主人有些得意地说。

听到主人的话，大家兴致勃勃地仔细观察起来。只见眼前的几个盆栽，都长得极为茂盛，看起来个个碧绿如玉，青翠欲滴。乍看之下，真是分不出真假，可是用心观察，你还是能发现其中的不同。小王偶然发现有三盆花依稀能够找到枯萎的残叶，有的叶片上还有淡淡的焦黄，显示出新陈代谢和风雨侵袭的痕迹。可是另外两盆，绿得鲜艳，红得灿烂，没有一片多余的赘叶，没有一丝杂草，更没有一根枯藤。一切都是精心设计、精心制造的结果，它们显得完美无缺。看着它们，似乎这完美的东西远不如那些夹杂着残枝败叶的新绿更令人愉快。

的确，人生原本就是极为真实、简单的，且存有不可避免的缺陷，有些人对完美生活的幻想超出了生活本身，刻意装点的生活，就如那盆假花一样，虽然看起来很精致，但总会缺乏生气，缺少生命经历过的真实。如果时时都是如此的心境，事事都是如此的状态，生活的一切虽看似华丽精细，但它始终缺少灵魂的寄托。

在现实生活中，“完美”的诞生就伴随着遗憾，因此，追求完美是正常的，却也是人生最大的悲哀。人生贵在真实，瑕不掩瑜，即使有了缺憾，也无损人生真切的美丽。我们在很多时候，要善于接纳自己，无论是自己的优点还是缺点，我们都要以平常心看待。上帝是公平的，当他向你关闭了一扇门，却向你打开了另一扇窗，我们需要的只是尽情释放出生命真实的美丽。

从抱怨到接受，再到承担的蜕变

我们不难发现，大凡做出一些成就的人，他们的成功之路都不是一帆风顺的，他们必定会经受一些磨难，吃尽苦头，才能等到出头之日，一鸣惊人。在这个过程中，无论发生什么，他们从不沉浸在抱怨中，而是以最快的速度接受事实，然后寻找突破的方法，最终他们实现了蜕变。然而，这一连串的思维活动是离不开独处和静思的，因为在群居生活中，是很难静下心来进行高深的思维活动的。

现实生活中，总有人一味沉溺在已经发生的事情中，不停地抱怨，不断地自责。这样一来，自己的心情也越来越糟。这种对已经发生的无可弥补的事情不断抱怨和后悔的人，注定会活在迷离混沌的状态中，看不见前面一片明朗的人生。之所以这样，是因为他们无法静下心来独处和思考。正如俗语说的那样：天不晴是因为雨没下透，下透了，也就晴了。

抱怨只会让我们浪费大把的时间，它会破坏我们原本积极的潜意识。你可能有过这样的体会，只要我们的头脑中有一丝抱怨的意识，那么，我们手中的工作就会不由自主地慢起来，然后为自己鸣不平、讨公道甚至是抱怨老天不公，在这种坏心情的影响下，不仅我们的工作和生活都受到影响，我们的心态也会改变，而真正的勇者，他们从不抱怨，他们总是能淡定、冷静地看待世界，审视自己，最终成就自己。

因此，无论你的情况如何，都不要抱怨，不要抱怨你的家境不好，不要抱怨你的专业不好，不要抱怨你的爱人，不要抱怨你的工资少，不要抱怨你的老板不近人情……生活是你的朋友，不是你的敌人。生活总是有那么多的不尽如人意，就算生活给你的是垃圾，你同样能把垃圾踩在脚底下，登上世界巅峰。

其实，许多时候，成功者与平庸者的区别，不在于能力的大小，而在于是否有独处静思的能力，成功者善于从失败和教训中自我反思，平庸者则只知畏首畏尾、知难而退。爱默生说：“除自己以外，没有人能哄骗你离开最后的成功。”柯瑞斯也说过："命运只帮助勇敢的人。"

有这样一句名言："高贵快乐的生活，不是来自高贵的血统，也不是来自高贵的生活方式，而是来自高贵的品格——自立精神，看看那些赢得世人尊重、处处施展魅力的高贵的人，我们就知道自立的可贵。"享有特权而无力量的人是废物，受过教育而无影响的人是一堆一文不值的垃圾。找到自己的路，上帝就会帮你！

生活中的我们，也应该有一种不服输的精神，那么，无论你现在处于什么样的境地，都不必要抱怨，也不必太在意。因为你无法更改已经发生的事实。如果你太在意，不经意就会钻进"牛角尖"，最终得不偿失。那么，办法只有一个：你就只能学缸中豆芽、被石压的小草，慢慢发芽和吐绿，用顽强不息的精神与命运抗争。说不定在哪一天的清晨里，当你疲惫不堪、睡眼蒙胧时就会发现，在絮云被狂风卷轴般不见的边际，会现出柔美淡红的一弧弧曲线，那便是云开雾散璀璨阳光到来之际。

的确，尘世之间，变数太多。事情一旦发生，就绝非一个人的心境所能改变。伤神无济于事，郁闷无济于事，一门心思朝着目标走，才是最好的选择。相反，如果跌倒就不敢爬起来，就不敢继续向前走，或者就决定放弃，那么你将永远止步。生活中的人们都应该记住：我们的命运由我们的行动决定，而绝非完全由我们的出身决定。每个人的起点并不能决定其人生结果。在这个世界上，永远没有穷、富世袭之说，也永远没有成、败世袭之说，有的只是我奋斗我成功的真理。

接纳和反思，让你从错误中汲取能量

生活中，人们常说，“金无足赤，人无完人”。的确，谁都难免会犯一点小错误，而且，每个人都存在着这样的心理：犯错误的时候，脑子里总是想着隐瞒自己的错误，害怕自己承认错误之后会没有面子。其实，有这样的心理是正常的，但是，为了能够从错误中获得另外一些有用的东西，我们应该克服这样的心理。承认错误并不是什么丢面子的事情，相反，在一定程度上，这是一种勇敢的行为，因为，对于每一个犯错的人来说，错误承认得越及时，那么这个错误就越容易得到改正和补救。

其实，独处是进行自我反思、从错误中汲取教训的最好时机，你要告诉自己，一次失误并不会毁掉以后的道路，真正会阻碍你的，是不愿意承担责任，不愿意改正错误的态度。

在营救驻伊朗的美国大使馆人质的作战计划失败后，美国总统吉米·卡特在电视上郑重申明：“一切责任在我。”仅仅因为这句简单的话，卡特总统的支持率上升了10%。并不是出现错误了，就永远不能改正；不是失败了，就永远不能成功。

只有勇于承认自己的失败与错误，自己才能赢得成功。达尔文曾说："任何改正都是进步。"哈佛大学也告诉我们：勇于认错，让自己不断地进步。

当然，当你犯错之后，总会心情不佳，要化失败为动力，你可以采取以下方法：

（1）仔细分析现状，找到自己的问题，不要怪罪于任何人。

（2）给自己的重新制订一份计划，这份计划必须考虑到前一次失败的原因。

（3）想象一下自己获得成果后的欢愉场景。

（4）收起那些让你不快的记忆，它们现在已经变成你未来成功的肥料。

（5）重新出发。

你可能需要再三进行这五种步骤，然后才能如愿达成目标。重要的是每尝试一次，你就能够增加一次收获，并向目标更进一步。

当然，我们不必为昨天的错误而流泪，并不意味着我们可以为自己的错误而推卸责任，相反，一发现过错，我们就要勇于改正，这才是有担当。

什么是真正的过错？一个人有过错不要紧，过而能改，善莫大焉；如果有过错而不肯改，这才是真正的过错。

这一启示告诉生活中的我们，若想逐步完善自己，就必须戒除任何借口，主动改正错误。为此，你需要做到：

1.挖掘自己需要改进的地方

性格弱点。人无法避免与生俱来的弱点，必须正视，并尽量减少其对自己的影响。

2.自我反省

当你获得一定的荣誉、取得一定的成绩后，最难能可贵的就是胜不骄败不馁，懂得自我反省，才会不断进步。

3.直视自己，不要害怕犯错误

人无完人，所以，谁都有可能犯错。关键是你要告诫自己，下次不能再犯。相反，假设你在做事前，就谨小慎微，暗示自己绝不能犯错，那么，你反而因为有心理压力而做不好，而且，害怕犯错会让你倾向于掩盖错误。你会离谦虚这两个字越来越远。想要不再害怕犯错就要从现在开始，正视错误并积极主动地改正错误。当自己犯错的时候，第一想到的应是怎样挽回，而不是怎样逃避。

总之，承认错误是一个人的最大力量源泉，同时，正视自己的错误将得到错误以外的东西，其实，敢于认错本身就具有很大的价值。我们都要做凡事向前看并且善于自我反省和自我纠错的人，在犯了错之后，我们一定要安静下来反思一番，只有这样，才能够发现自己的缺点或者做得不够好的地方，然后加以改正，使自己不断进步，并能够扬长避短，发挥自己的最大潜能。

唤醒你的同情心，行善积德有好报

中国人常讲“善恶祸福终有报”，善良是人类最为可贵的品质。身正心直、积德行善乃做人之道，积德行善的人能得到老天的回报，“积善之家，必有余庆；积不善之家，必有余殃”。《易经》曰：“所谓善人，人皆敬之，天道佑之，福禄随之，众邪远之，神灵卫之；所作必成，神仙可冀。欲求天仙者，当立一千三百善；欲求地仙者，当立三百善。”哲人说，善良是爱开出的花。善良是心地纯洁、没有恶意，是看到别人需要帮助时毫不犹豫地伸出自己的援助之手。对于高尚的人来说，他们的品性中蕴藏着一种最柔软、但同时又最有力量的情愫——同情心。

然而，令我们感到遗憾的是，在我们的身边，却有不少冷漠的行为，例如，看见摔倒的老人，因为怕被“碰瓷”而装聋作哑；对遭遇天灾人祸的新闻丝毫不动容；对需要帮助的小动物视而不见等，我们不禁感叹，这些人是怎么了？其实这些就是缺乏同情心的表现，我们提倡积德行善，就是要特别注意要有同情心，行善积德有好报。任何一个人，在人生道路上，都应该做一个心地善良的人。假如你正在步入冷漠者的行列，你确实应该停下来思考一番，要唤醒自己的同情心。

美国著名作家亨利有一次和他的侄子交谈，他们讨论了很多有趣的话题，最终两个人谈到什么叫善良。他问自己的侄子："你知道什么是善良吗？"侄子点点头，说："我知道，可是我无法表达。"亨利笑了笑，说："你知道什么是人生中最宝贵的东西吗？"侄子点了点头，并说出包括金钱在内的很多东西。可是这一次亨利却摇了摇头，最后说道："在人的一生中，有三种东西是最宝贵的，第一是善良，第二是善良，第三还是善良。"善良是什么？善良是不求回报地付出，是内心永恒不变的那一抹温柔，是与人为善的不变天性。

可见，善良的品质不是人人都具有的，但却人人都能感受得到它的存在；善良不是人们与生俱来的附着物，但却是能够在净化自我心灵的过程中得到升华的人格成分。一位智者曾经说过：善良是一种远见，一种自信，一种精神，一种智慧，一种以逸待劳的沉稳，一种快乐与达观……只要我们自己本身是善良的，我们的心情就会像天空一样清爽，像山泉一样清纯！

小美是个善良的女孩，已经上初中了。这天早上，她晚起了会儿，眼看就要迟到，她匆匆穿上衣服，收拾好书包就出门了。

小美知道，这个点儿，到学校的公交车就只有一趟，如果错过，她便坐不上车去学校。当她跑过路角的一刹那，差点被绊倒，扭头一看，一个只有七八岁的小男孩在寒风中瑟瑟发抖，他拿着一个破碗，声音微弱地说："姐姐，行行好吧，我很饿。"

小美很受触动，看到可怜的小男孩，她差点掉下泪来，所以，她毫不犹豫地把自己身上的零花钱全部给了那个男孩，还把准备买复习资料的300元钱也塞到男孩的衣兜里。看着小男孩冻得通红的脸，她把自己的围巾和帽子也给了男孩，然后转身离开。就在她转身离开的一瞬间，她听到了小男孩发出的惊喜的喊叫声。

那一天，她没有赶上公交车。当她来到学校的时候，因为迟到被老师在门外罚站，冻了一个早晨。但是小美却非常开心，她放学后回到家的第一件事就是把她所做的告诉了妈妈。

妈妈平日里对小美管得很严，不让她随便花钱，所以，当小美把这件事情说出来的时候还有点担心，但是她觉得她很开心，想和妈妈分享。

妈妈听了小美的话后，并没有责怪她，而是笑着对她说："小美，你真的长大了。"

爸爸听了说："小美，你被老师罚站，一点也不后悔、不抱怨吗？"

小美笑着说："不后悔。后悔什么呢？我觉得我做的是对的，如果我不帮助他，或许他一早上，甚至一天都要挨饿。他那么小，又穿得那么单薄，无家可归，他比我更需要那些钱。"

故事里的小美就是个富有同情心的女孩，因为帮助小男孩，而被老师罚站了一个早上，尽管她没有得到任何的感谢和回报，可是她却非常开心，回到家里，就把此事告诉了爸爸妈妈。可见，当一个人为别人付出了，帮助了别人之后，得到的是自我的肯定、是开心和快乐。

的确，我们所感受到的善良，有时像天使背部一片洁白轻柔的羽毛，让人感觉到温暖与希望；有时又像大力神赫拉克勒斯宽阔厚实的胸膛，让人感到无比的振奋，同时让人拥有力量。

然而，积德需要修行，不能停留在口头上。行善可以使人在精神上产生愉悦和快乐，尤其是得到称颂的时候，会有慰藉和满足的感觉。实际上你在做好事和有益的工作时，不管是有意还是无意都会聚精会神全身心地投入。此时此刻，你的脑海里会排除杂念和私欲，心灵得到锤炼和净化。长期如此，当然有利于身心健康和养生。平素人们都说德行，何为德？何为行？德是个人的高尚情操，是先天品赋，但并非所有的人生下来就具备好的品性，故需要后天扎扎实实地修行，也就是行，所以德需要行，才能为善，不然的话，德就是一个空洞的东西，未能为善的德只能是伪善。行是行为，善是无私，行为的无私就是行善，积德是行善的必然结果，与对方没有关系，利于别人的行为与思想就是善！

可见，善良从来就与正直、爱心、悲悯为伍，与邪恶、阴毒、冷漠为敌。清澈的水来自雪山之巅，人的善良来自干净的心底。生活中的人们，当我们怀着一颗真诚之心善待我们身边的每一个人时，我们收获的也是真诚与善良，当然，还会有浓浓的爱！

开动脑筋，锻炼思维的敏捷性

古今中外，无论是在战场、情场还是商场，抑或是在政治舞台上，我们发现，真正决定胜负成败的都是思维。正如卡曾斯所说的："把时间用在思考上是最能节省时间的。"这是一句非常有哲理的话。通俗的说法是做事要动脑子，对一件事情分析认识得不透彻，就很难找到正确的方法，不能对症下药，自然就无法以最短的时间到达目的地，可以说思考是成功唯一的捷径，为此，生活中的每个人，在独处时，都要开动脑筋，训练思维的敏捷性，从而学会以最快的速度解决问题。

事实上，生活中，很多人之所以在某些事情上失败，就是因为他们一直在做无用功。如果你也是个不爱动脑的人，那么你不妨试着学会思考，你就会发现积极思考的惊人力量，任何困难和失败均能通过它来解决，即使是那些杂乱无章的事情，只要你运用思考的力量，就会将它们一一捋顺。思考不是"无用功"的代名词，而是"节能、省力"的法宝，因为积极的思维可以令人摆脱困境、化解难题。

曾经有两个人，他们一起出差。这天，完成工作任务的他们来到大街上闲逛，其中一个人看见路边一个老妇在卖一只黑色的铁猫，细心的他发现，这只铁猫的眼睛很特别，应该是宝石做的，于是，他询问老妇能不能用一整只铁猫的价钱来买一双眼睛，老妇虽然不大高兴，但最终还是同意了，然后把这只铁猫的眼珠子取出来卖给了他。

回到宾馆以后，他迫不及待地把自己的经历告诉了同伴。同伴听完后，问清楚事情的前因后果，然后问他老妇在哪里，说自己想买剩下的那只铁猫。

于是，他便把地点告诉了同伴，同伴拿了钱立即就去寻老妇了，一会儿，他把铁猫抱了回来。他说，既然这只铁猫的眼睛都是宝石做成的，那么，这只铁猫的猫身肯定也价值不菲，于是，他拿起铁锤往铁猫身上敲，铁屑掉落后发现铁猫的内质竟然是用黄金铸成的。

这里，我们不得不佩服这个买走缺了眼睛的铁猫的人，他的思维是独特的。的确，既然猫的眼睛是宝石做的，那么它的身体肯定不会是铁。正是这种逆向思维使他摒弃铁猫的表象，发现了铁猫的黄金内质。

当然，训练灵活的思维，还要求人们向传统思维挑战。这要求我们在训练自己的大脑时注意几点：

第一是富有勇气，大胆开拓。不敢叛逆者，永远是知识的奴隶，成不了创新思维的开拓者。大胆地标新立异，勇敢地开拓荒芜领域，是科学创新必备的素质。

第二是不怕挫折，锲而不舍。只有经过艰难的探索和长期不懈的苦斗，才能思人类所未思之题，解人类所未解之谜，开创人类的新天地。

当然，灵活的思维并不是抛弃所有的一切，叛逆中要有所创造，必须以批判地继承为前提，没有知识基础的开创性思维是无源之水、无本之木。要有所创新，必须从学习基础知识入手。

因此，你还需要在日常的学习中注重基础知识的积累，在其他条件相同的情况下，知识基础越丰厚牢固，创新的可能性就越大，独创的见解就更加深刻，就能对眼前的一系列“异端”做出准确的判断，使创新更富有准确性、科学性和创造性。

当然，积累知识不能只靠书本，还要善于“阅读”大自然和人类社会这两部永恒的、没有页码的大百科全书，并努力在知识的博、深、精、活上下功夫。

第 10 章

累吗，累了就一个人待着好好放松

生活中，我们每个人都在马不停蹄地奔跑，都在朝着自己向往的生活奋斗，我们常常感到累得喘不过气来，然而，即便如此，也有一些人，他们的脸上总是洋溢着灿烂的笑容，此时的你一定会产生疑问，他们是怎么做的呢？其实，他们的秘诀就是适时独处，适时清心，及时获得新的能量，因此，无论外界发生什么，他们都能乐观面对、积极向上。同样，生活中的人们只要学会运用这一诀窍，那么，自然就会驾驭生活。

一路往前赶，你累吗

我们都知道人是一种有着美好憧憬的动物，年轻的时候，我们总是想着等到老了以后，得到许多物质的满足，再去好好享受，去环球旅行；当我们有了孩子的时候，总是惦记着让子女好好享受。至于自己到底需不需要享受、什么时候享受，却从不去认真考虑。所以，事实上，很多人觉得自己活得很累。

生活中，那些工作狂为什么那么拼命地工作呢？他们最主要的目的就是挣钱，而挣钱为了什么呢？难道仅仅是因为让自己的生活更物质一些吗？在物欲横流的今天，越来越多的人物质充足，但其精神却很贫瘠，心灵无法得到休息。这主要是因为他们模糊了一个概念，挣钱的意义在于享受生活，而不是折腾生活。

享受生活归根结底是一种心境。享受的关键在于寻找快乐的人生，而快乐并不在于拥有多少、获得多少，生活质量如何，而是在于怎样看待周围的人和事情，怎样让自己有一颗接纳一切快乐事物的心。

对于我们大部分人而言，与其成为另外一个不要命式的工作狂，还不如做回自己，静心地享受生活。

张丽来自偏远的山村，上大学时，她的父母七拼八揍，给她凑了学费，到大学毕业之后，她已经是负债累累。虽然，品学兼优的张丽通过老师的介绍获得了一份不错的工作，但她并不满足普通的职位，而且还有自己读书欠下的债成为她拼命工作的动力。早上她是第一个到办公室，下班了，她却是最后一个离开办公室。在无数个深夜，她孤身一个人待在办公室，思考一个企划案，或着手一个新产品的研发。当然，付出是有回报的，张丽很快晋升为管理层，不仅如此，她还还清了所有的债务。就在这时，她结识了一位男士，组建了一个幸福美满的家庭。

这样看起来，张丽的生活算是美满幸福了，但张丽并没有放松下来。每天，她依然是公司最拼命的一个，丈夫每每抱怨："你已经很久没陪我们去公园了，我们一家人从来没去旅游过。"这时张丽总是以惯有的口吻说："我这样还不是为了这个家。"丈夫辩解："可我们已经不缺什么了，孩子唯一缺的就是你，再富足的物质生活也比不上一家人在一起啊。"话还没说完，张丽已经穿好衣服出门了。

没想到加班到凌晨一点的张丽回到家里，竟然发现丈夫带着孩子走了，桌上只留下一个地址。第二天，张丽破天荒地向公司请了假，找到丈夫留下的地址，没想到竟然是一处山清水秀的森林公园，远远地，张丽看到丈夫、孩子和自己白发苍苍的老母亲坐在一起，孩子嬉戏着，丈夫则和母亲聊着天。看着这样的景象，张丽的眼睛湿润了，在那一刻，她明白了很多。

从此以后，张丽不再是拼命三娘，她从工作的时间里抽出一部分时间陪家人和朋友，在这段时间里，她才发现生活是多么美好、多么轻松！

当一个人拼命工作到忘记家人和朋友，尽管他的物质生活是富足的，但其精神生活却是一片贫瘠，他的内在心灵更是一片荒芜的花园。因为他不懂得享受生活，自然感受不到来自生活的快乐。工作的功利性目的是挣钱，但这并不是其最终的目的，幸福快乐才是挣钱的最终目的。

生活中，享受生活是人生的特殊体验，在越来越喧嚣的尘世中，我们逐渐背离享受生活的本质。在拼命工作的过程中，我们变得越来越提得起，放不下，为享受而享受，把挣钱、占有当作享受的终极目的。这样一来，生活中感受到的是苦多乐少。

尽管，有激情有梦想是上天赐予自己的礼物，为自己热爱的事业而努力更不会是一种错误。但是，我们的休息也很重要，除去忙碌的工作时间以外，我们应该更多地享受生活，享受独处的静谧时光，享受身心放松的幸福日子，这样我们才能收获更多来自心灵深处的快乐。

其实，享受生活是一种感知，我们在忙碌之余，静下来品味春华秋实、云卷云舒，一缕阳光、一江春水、一语问候、一叶秋意都是生活里醉人的点点滴滴。

在独处时，清理心灵垃圾

生活中，忙碌的你，是否曾有这样的感受：忙碌的工作之余，突然觉得身上的包袱很重，或者心里像积压了很多石头般难受？这些都让你觉得喘不过气，在人生的道路上越走越困难。而你之所以有这样的感受，是因为你的心灵垃圾越积越多，而此时，你最需要做的是暂时停下来，寻找一段独处的时光，清除这些心头的包袱，摒弃掉一切外界的干扰，你就会感到从未有过的轻松，所以我们可以说，清理心理垃圾，能让我们更轻松地前进。

燕妮所在的是个男主外、女主内的家庭，丈夫负责挣钱，她负责带孩子，所以，在儿子上小学以前，她都是在做全职妈妈。此时，儿子上小学了，她找了份工作，并且为了方便接送儿子，她找的这份工作离学校很近，这下，燕妮有得忙了。

“自从到这边来上班，我以为会闲一点，因为接孩子的时间会节省不少，但其实新工作做起来太难，我现在几乎完全没有自己的时间，我所在的办公室是三个人公用的，似乎什么都是大家的领地，好在大家相处是愉快的，事情也做得够漂亮，总有忙不完的事情。工作之余的时间，都给了孩子和家庭，不过，我还是经常忙里偷闲，没事看看书，对于我来说，这是最奢侈的事了。

“明天就是十一长假了，下午领导交代了一些事，就让我们提前回家，防止路上堵车，但儿子还没放学，所以我想在办公室等他，我继续做着上次帮人家制作的一段视频编辑。后来孩子爸爸打来电话，说他去接孩子，所以我一个人坐在空空的办公室，等待着文件的生成、刻录。寂寞中，有了整理心情的想法，于是诞生了几篇散乱文字。

“夕阳无限好，是啊，我发现，落日的余晖透过办公室的纱帘洒进来，洒到我身上，偌大的办公室已经是寂静一片。站在窗前，视线是极好的，不远处已经是灯火阑珊，围墙外的道路上，街灯安静而闲适，总是让我怀想起10多年前的黄昏，那时一个人走在上晚自习的路上，冬日的黄昏，橘黄色的街灯点缀着深蓝色的天幕，有时飘雨有时落雪，更多的时候并无风雨，一如自己的大脑，疲惫后的宁静与超然；还有的黄昏，站在大学七楼的寝室窗前，眺望不远的山上忽明忽暗的灯光，护城河里的水仿佛能穿透夜色低语。思绪缥渺地不知去向，似乎总也不知道家在何方，总有着无限的希冀，当然也有过彻底的绝望，那时候彻底地明白了一句话：热闹的是他们，而我什么都没有。

“寂寞的、超脱的，一种很微妙的感觉似乎成了自己黄昏最热切的期盼。毕竟我们都是红尘俗世中纠缠着的众生，谁也超脱不了。

“很快，文件生成，我关掉电脑，关上窗户，收拾心情，踏上回家的路。明天，又是一个假期。真好。”

故事中的燕妮是个懂得让自己内心平静的人。然而，现实生活中，在浮世中行走了太久的人们，又有多少人懂得如何清心呢？许多人参与群体生活的理由都是他们不能够独处，不能够忍受寂寞，他们需要借助外界的喧闹来驱除内心的空虚。他们不明白群体生活永远也不能治愈空虚，它只是经由精神的麻醉而暂时忘记寂寞与空虚的存在，结果反而更加重了这种空虚。

我们都知道，热气球想飞得更高就要抛弃更多沙袋；风浪中的船想航行得更远，也要把笨重的货物扔掉。我们有很多负重的情感，很多情况下舍不得放弃，可是只有把消极的情感扔掉，生活才更加美好。同样，如果能够及时地把自己的不愉快心情发泄出去，就能更快地进入下一阶段健康快乐的生活。不要压抑自己的不良情绪，如果这种不好的情绪一直在心里残留下去，就像沼气一样能够让人中毒，这会给人在心理上形成巨大压力。

实际上，我们只有定期给自己复位归零，清除心灵的污染，才能更好地享受工作与生活。当今社会，我们总是不断地接受来自物质引诱的考验，很多时候，我们在追求目标的过程中，可能并没有意识到自己的心灵已经被那些虚幻的美好理想束缚。生活远没有理想那么简单，理想的存在固然可佳，可我们更要做的是如何让理想接受现实的催化。就像一件被打造的利器，不经过熟火的炙烤、重锤的锻造怎么能固握在战士的手中？清空你的心灵，再行注满，你就会接受失败的馈赠、成功的赏赐。

当然，清除心灵垃圾，并不是一味地否定过去，而是要怀着否定或者说放空过去的态度，去融入新的环境，对待新的工作、新的事物。永远不要把过去当回事，要从现在开始，进行全面的超越！当“归零”成为一种常态，一种延续，一种时刻要做的事情，我们也就完成了人生的全面超越。

也许，你会问，我们的心灵里可能会有什么垃圾呢？对曾经的成功的、过时的褒奖，短暂的胜利，当然，还有失望、痛苦、猜忌、纷争……清空就是把自己当人看，既然是人就有人的样式，看到自己的优点更要正视自己的缺点。你的优点可以促使你成功，缺点又何尝不会让你在平淡乏味的生活中体会意外的精彩？清空心灵垃圾是我们拥有好心态的关键。有了好的心态，才能让我们更彻底地认识自己、挑战自己，为新知识、新能力的进入留出空间，保证自己的知识与能力总是处于最新状态，才能永远在学习，永远在进步，永远保持身心的活力。

独处，让你的心归于宁静

你是否有过这样的经历：好不容易忙完手头的工作，你沏了一杯热茶，轻轻喝上一口，然后瘫坐在办公椅上，闭上眼睛，此时你是否突然觉得自己好像累了很久，难得有这样轻松惬意的时刻？周末的晚上，你终于辅导完孩子的功课，孩子也睡了，但是一想到新的一周就将来临，你是否觉得心力交瘁，恨不得逃离这世界？你听够了上司的训导，同事的唠叨，孩子的哭闹，家人间的争吵，你是否很渴望能独处？

实际上，独处，才能让你的心归于宁静，正如《瓦尔登湖》中所写的："大部分时间内，我觉得寂寞是有益于健康的……我爱孤独。我没有碰到比寂寞更好的同伴。"的确，在人的一生当中，我们大部分时间都在不停地奔波和忙碌，都在与人打交道，独处的时间太少了，而一旦闲下来，就很容易感到孤独，所以，在大都市里，很多人在闲暇时会交朋结友或者寄情于娱乐场所，以此消磨无聊的时光，而其实，独处才是少有的一种平静。

所以，我们即便一个人的时候，也要精彩地生活。具体来说，在独处时，我们可以这样做：

每天打扮得优雅得体、干净利落，出门前照照镜子，对自己笑笑。

听着音乐干家务，不会觉得疲劳，还会觉得是一种享受。

枕头下始终放着一些书，读书可以益人心智、怡人性情、滋养人生。

玩玩文字，写写自己的心情故事，自我安慰，自我欣赏，自我陶醉。

买适合自己的衣服，穿出自己的气质，让同事们啧啧称赞的不一定是高档的服装。

偶尔买一套和平日风格不同的服装，换换自己的心情，也换换别人对你的印象。

经常变换发型，当然要与服装搭配。

别为别人的事伤心，即使是你的兄弟姐妹，他们有自己的生活方式，各人有各人的命。

偶尔偷一下懒，不用刻意要求自己。

养几盆名贵的花，像照顾孩子似的照顾它，看着它开花、发新枝，你都会有成就感。

在闲暇时哼着小曲整理一下衣柜，可以把不再穿的衣服送给适合的人穿。看着孩子的小衣服还会使你想起孩子小时候的可爱，这也是一种精神享受。

保证睡眠充足，足够的睡眠会使皮肤光洁细腻，这是天然的美容方法，还不用花钱。

寂寞时看看好友的短信，或给他们发短信，收到他们的短信，你会觉得做个现代人真好，即使相隔千山万水，但几秒钟就可以知道彼此的情况。

整理相册也能换个好心情，看看儿时的你、长大后的你、你的孩子甜甜的微笑，你们一家其乐融融，都会觉得好开心。

想哭的时候也别强忍着，有个人听你哭诉更好，若没有，找个安静的地方痛哭一场也会感到轻松许多，人人都有脆弱的时候。

总的来说，身处闹市，我们要学习如何独处，在独处中让心归于宁静，并且，一个人的时候，我们完全可以充实自己的生活，可以看书、写字，也可以听音乐，更可以种花种草，甚至只泡一杯咖啡，就能享受一个人的时光。

独处深思，你满意现在的生活状态吗

现代社会，随着生活节奏的加快、竞争的日趋激烈，经济压力逐渐增大，人们穿梭于闹市之中，面临生活中的许多危机，以至于无法平静自己的内心，甚至有些人难以调适自己的内心而产生心理问题，长此以往的消极应对及负性情绪会使个体出现诸如焦虑、抑郁、神经衰弱、轻度躁狂等心理疾患，不但影响自己的生活、工作，也会对家人造成不必要的“伤害”。

对此，你不妨静下心来反省一下你的生活方式，要知道，只有独处的时候，我们才更接近自己的灵魂，从而帮助我们认识另外一个自己，这是信仰的开始，是省悟的开始。反省，给自己一个舒缓神经的机会，这样，我们才能收拾好心情继续上路。

哈佛大学校长来北京大学访问时，讲了一段自己的亲身经历：

有一年，这个校长心血来潮，准备过一段时间与众不同的生活。于是，他向学校请了假，然后告诉家人，不要问我去什么地方，我每个星期都会给家里打电话报个平安。

接下来，他一个人带着简单的行李，去了美国南部的农村，开始了他所谓的与众不同的生活——农村生活。他到农场去打工，去饭店刷盘子。在田里做工时，背着老板吸支烟，或和自己的工友偷偷说几句话，都让他有一种前所未有的愉悦。最有趣的是他在一家餐厅找到一份刷盘子的工作，干了4小时后，老板把他叫来，给他结账。老板对他说：“可怜的老头，你刷盘子太慢了，你被解雇了。”

三个月后，这个“可怜的老头”重新回到哈佛，回到自己熟悉的工作环境后却发现，一切原本熟悉的东西顿时变得新鲜起来，工作成为一种全新的享受。

可能对于这个哈佛校长来讲，这三个月的经历，简直就像一个调皮的孩子制作的一次恶作剧，新鲜而有趣。自己原本扬扬自得，是大名鼎鼎的哈佛大学的校长，自己认为的博学与多才，在新的环境中一文不值。更重要的是，回到一种原始状态以后，就如同儿童眼中的世界，也不自觉地清理心中积攒多年的“垃圾”。

那么，对于当下你的生活状态，你是否满意呢？你是否感到压力太大或者紧张不安呢？如果是，不妨在独处时做个自我反省吧。为此，你需要反省的问题是：

1.明确你到底想要什么样的生活

我们只有明确自己想要的生活状态，才能按照自己的想法树立目标，才能为之努力。

心理学上有个神奇的赞美方法，使用这个赞美的方法非常简单，你只要按照自己所期望的那样去赞美孩子，孩子就会渐渐地接近你赞美他的样子。当然，这个办法不但适用于孩子，也同样适用于成人。例如妻子对丈夫潜移默化的改造，也常常使用这种方法。同样的道理，如果我们把这个思路转移到对自我的激励上，那么你不妨采取一个有趣的办法督促自己，即从现在开始就像自己憧憬的那样去生活。举个最简单的例子，假如你希望自己能够成为受人敬仰的律师，那么从现在开始就可以尝试着养成律师的生活和作息习惯，培养自己具备律师精明干练的风度。假如你想成为一名演员，那么你也可以从现在开始就培养自己的演员气质。

当然，这里的预支生活，并不仅仅限于你想成为什么样的人，也可以泛指生活的状态。例如，你一直梦寐以求过精致的小资生活，但是经济条件远远没有达到小资的水平，其实你还是可以模仿小资生活的，因为小资是一种情调，并非必须有大量的金钱作为支撑。再如，你想成为单位里的业务骨干，那么你现在就可以让自己像一个业务骨干，吃苦在前，享乐在后，而且有任何技术问题都刻苦钻研，而不要等到真正成为业务骨干之后再去努力，否则就会遥遥无期。如此一来，当你真的像你想要成为的那样去生活，你就提前进入未来的生活，从而也能够更加接近自己的梦想。

2.有憧憬还不够，还要为之付出努力

现实生活中，每个人对于生活都有不同的憧憬。例如，有些女性想要嫁给一个好老公，因而自己从不努力。其实，这样的憧憬无疑是苍白无力的。任何时候，我们都不能把命运之舵交给他人掌管。我们唯有成为命运的主人，才能更好地把握自己的人生。任何时候，我们都要努力地为自己当家做主。对于无限渴望的生活，不如从现在开始就尝试着实习吧。相信只要你坚持不懈，终有一天能够到达理想的彼岸。

假如不能很好地认识自己，知道自己所真正追求的是什么，不知道人生的目标，那么，就很容易迷失自己。为了避免上述种种情况的发生，我们每个人都应该正确地认识自己，每个人都有自己的长处和短处，都有自己拥有的而别人却没有的东西，都有属于自己的幸福。只有这样，才能以平静的心态坦然地面对生活。

第11章

平衡“独”与“群”，敢于做最自信的独行者

我们任何人，都是社会人，也同时是我们自己，所以，我们既要面对群居，也要面对自己，这就有了“独”与“群”的平衡。实际上，我们每个人都不缺所谓的朋友，但真正能成为知己好友的人却寥寥无几，其实，也许你现在做的是一些无用社交，而对于这一情况，我们不如放弃，花更多的时间在独处中提升自我。当然，这并不意味着我们要孤僻地生活，相反，在独处中的自我修炼，能帮助我们更好地融入生活、与他人相处，成为更好的自己。

打破孤独，适时融入生活

虽然现代社会发展迅速，而且医疗也得到突飞猛进的发展，但是孤独却作为一种越发严重的疾病，侵袭了人们的生活。也许有人会说，现代社会已经人满为患，人们不管走到哪里，都置身于熙熙攘攘的人群，怎么会觉得孤独呢？没错，现代社会的确嘈杂热闹，但是人群孤独症患者越是置身于热闹的人群里，就越是倍感孤独。

其实，我们很容易就能打破孤独。尽管在现代的大都市中，人们居住在钢筋水泥的城市森林里，也因为频繁搬家和身边的人日渐疏远，但是只要我们有勇气打破孤独，孤独就会应声破碎。上帝使人拥有热情与爱，就是希望人们满怀真诚地对待同类，这样人与人之间的坚冰才能被打碎。因而，我们要想战胜更加顽固的孤独，首先要走出自艾自怜的阴影，走入阳光之中，走到与朋友的真诚友爱之中。只要我们愿意寻找，总有一个地方，我们在那里可以与他人一起享受生活的美好，也能够尽情释放自己的热情，享受他人的热情。当然，这么做的前提是我们必须有勇气。有勇气打破枷锁，有勇气走出人生的困厄，也有勇气融化心底的坚冰。

田小苗一直独身一人在大城市里生活，她已经习惯这样的生活，回到家里自己开灯，关上门之后，根本不知道邻居家里住着谁。近来，田小苗又换工作了，她不得不搬到新租的公寓里生活。这对她而言无所谓，哪怕是住了好几年的公寓，她也不认识所谓的邻居。

然而，才住了几天，田小苗就感到很烦恼，因为她的隔壁住着一个有两个孩子的家庭，其中还有一个小宝宝，夜里经常会哭泣，搅扰了田小苗的睡眠。为此，田小苗非常懊恼，后悔租了这间公寓。

一天，田小苗刚刚下班回家不久，突然停电了。田小苗摸索着点燃蜡烛，这时突然响起敲门声。田小苗很纳闷，因为她的家里从来没有客人到访，她不知道谁会在这个时候来敲门，因而紧张地打开门。门口站着一个半大的孩子，笑眯眯地问：“阿姨，您有蜡烛吗？”田小苗一下子意识到是隔壁的孩子来借蜡烛，因而毫不犹豫地拒绝道：“没有。”不想，孩子非但没有离开，反而笑着从自己的口袋里拿出两根长长的崭新的蜡烛，说：“哈哈，我就知道您没有蜡烛。给您，这是我妈妈让我送给您的。我是您的邻居，就住在您的隔壁。妈妈还说，您刚刚搬过来，如果缺少什么，就去我家里找。”转瞬间，田小苗觉得心里暖暖的。她不知道该说些什么，只好笑了笑。

为了报答这两根蜡烛的友好，田小苗次日下班后特意买了很多水果，分了一半给邻居家的两个孩子。后来，孩子们的妈妈做了好吃的饭菜，也会让孩子送一些给田小苗，一来二去，田小苗居然觉得有邻居真好，甚至比亲戚还好呢！

在这个事例中，田小苗原本已经习惯城市的钢筋水泥，始终独居的她不愿意和任何人打交道，总是从公司的门进入家门，就再也不出门。幸好这次停电，才使她意识到邻居的热忱，因而也渐渐打开心扉，愿意接纳他人走入她的生活，她呢，也因为与邻居的相处，意识到人与人之间的距离并没有那么遥远，人生是非常美好的。

哲学家尼采也曾说："一同生活，如此美妙。"这句话就是告诉我们与朋友相处的乐趣。诚然，我们肯定独处的妙处，但我们毕竟是社会中的人，我们不可能脱离人群而存在，并且，真正的独处并非刻意避开人群，更不是内心的孤僻，走进人群也更能给我们带来快乐。我们不妨来回忆一下，在读书时代，我们都有几个同学、室友，你们一起上课、放学，一起生活，一起做一些荒唐的事，那个年代是快乐的。随着年龄的增长，我们独处的时间不断增多，我们发现，真心相交的朋友越来越少，于是，我们变得孤独。要想改变这种现状，我们必须学会走进人群，加入他人的生活中，交几个知心的朋友，你会变得快乐起来。

对于现代社会中的人来说，要想打破孤独，我们就要学会积极主动地融入生活。大多数情况下，生活在城市里的人，比生活在农村的人更孤独，因为城市里的邻里关系前所未有的冷漠。作为现代的城市人，我们应该拥有开放的心态，巧妙地打破这种冷漠的关系。除了工作之外，我们还可以参加各种俱乐部，从而与更多的人相处，也渐渐习惯与陌生人相处。

人生是精彩的，而孤独使人堕落。朋友们，从现在开始，就让我们远离孤独，积极主动地融入生活之中吧！

朋友虽然多，真心有几人

处于现代社会中的我们，都深知交际和友谊对于我们自身发展的重要性，为此，我们不断积累人脉，游走于各个交际场所之间，经常推杯换盏、觥筹交错，渴望换来真正的友谊。然而，现实情况是，“几本名片，大多是陌生人”。这大概是很多都市人的内心写照。认识的人越多，“人际泡沫”就越多。家里攒了几大本名片，里面“藏着”的人，真正能称得上朋友的没有几个。每周约会许多人，但没有一个是知心朋友。手机通讯录里的电话接近饱和，极少联系者占了大多数。电话、电脑、传真、打印机等现代办公通信工具维系着自己与社会的热闹关系，而自己身边的亲人却好久没有问候过了。现代人常常日夜颠倒地加班、应酬，每天的生活就是工作、饭局，两点一线。

人际交往在城市中正成为不断膨胀的“泡沫”，破灭之后，却是苍凉。显然，当今社会的人们正在经历着人际交往的考验。在品味孤单与寂寞后，老乡会、同学会、8分钟约会等种种联谊会开始全面繁荣，QQ、微信等网络交流手段也变得空前热闹。那么，为什么我们真正的朋友越来越少呢？很大一部分原因是我们过分看重人际间的互利关系。

陈静供职于上海的一家大型房地产公司，她身为市场部推广经理，经常要策划一些活动。她接触的客户大多是事业有成，甚至小有名气。

几年下来，陈静的名片盒里存了一大把交换来的名片；手机、笔记本电脑、记事本里，存满了各种关系户的联络方式；在各种社交商务场所，她应酬得八面玲珑；每天，她的手机频频响起，与“各路人马”通话时都是一股亲热劲……

在朋友的眼中，陈静的生活可谓丰富多彩，结识的朋友也都是精英，但陈静自己却说：“除了工作上的联系，我真正的朋友并不多。”

“工作性质决定了我几乎每天都在认识新的人。但事实上，这些人里绝大部分都只是一面之缘，下次有事需要再联系的时候，跟陌生人没什么两样。”陈静说，有一次自己遇到一点事情，需要帮助，可抱着几大摞名片，却实在想不出有谁肯帮忙。

“其实身边很多同事也都是这样，”陈静说，“我们办公室里几个同事都是单身，家长急死了，不明白做推广认识那么多人，怎么就遇不到合适的。其实他们哪知道，虽然平时我们看似热热闹闹，但事实上我们真正的圈子太小了。”陈静无奈地表示，虽然在工作中会接触大量的人，但不知为什么，很难与他们建立学生时代那种真诚的朋友关系，所以繁忙的工作让她根本没有时间考虑个人的问题。那些通过工作认识的朋友都是有利益关系的，抛开这层关系便什么都不是。

和案例中的陈静一样，现代社会中的很多人也认为，人际关系似乎越来越淡薄，我们经常找不到可以诉说真心话的朋友。其实，我们忽略的一点是，与其低质量的群居，不如高质量的独处，我们更要明白的是，不可能谁都成为我们的朋友，当然，即便如此，我们依然要真心待人，真诚结交，并且，要遵循以下结交朋友的原则：

1.学会倾听，真诚给予

作为朋友，你首先要学会倾听。当你的朋友遇到挫折、碰上烦恼的时候，他需要一个发泄情感的对象。如果你能够真诚、耐心地倾听对方的诉说，就是为朋友开了一个情感的发泄口，朋友会对你感激不尽。

另外，还要真诚帮助朋友。在朋友遇到困难需要你伸出援手的时候，你如果能够帮忙就要帮他渡过难关。如果确实是超出自己能力范围的事，也要让他感觉到你在他身边，给予他克服困难的勇气，而不是冷冷地袖手旁观。

2.人脉不等于朋友

“人脉”是张关系网，通俗地说就是用于互相获取利益的人际圈。但人脉网络不等于朋友。

我们在平时要注意结交一些真正的朋友，而不是只结交狐朋狗友。如果功利心太重，关系肯定不会持久，在你困难的时候，他们肯定不会伸手帮忙的。而在你失去利用价值以后，这些人也会毫不留情地转头就走。

3.最好少谈钱

朋友之间互相帮助是理所应当的，但钱财方面还是谨慎为妙。因为人们往往会因为金钱改变关系甚至断绝交往。假如把钱借给朋友，要有“回不来了”的思想准备。但如果是向朋友借钱，即使不是什么大数目，也要严格遵守约定的日期，尽快归还。别以为对方跟你是朋友，“你的东西就是我的，我的东西就是你的”。越是好朋友，越要有交往的底线，要彼此尊重。

真诚交友，但绝不呼朋唤友

我们都知道，友情是世界上最最珍贵的东西。人生得一知己足矣，不是所有人都适合做朋友。有这样的一个故事：

孙欣从广州来到北京已经两年，独自一人租住着一间一居室。每到周末，她喜欢抱着手提电脑斜倚在床上，MSN和QQ都开着，那些在线的头像可以让她得到一丝安慰。孙欣很少跟上面的人打招呼，即便偶有问候，她也只是简单回应。电脑对她来说只是工作和上网的工具。MSN上的名单大部分是她在工作中结识的，从记者到公司经理，大多数只联系过一次便再未谋面，有的甚至从未见过面。没有公务的理由时，她不知道该跟他们聊些什么。

现在，孙欣更喜欢参加一些网上社团的活动，像“六人行”“自助游”等。“抛开工作，也许陌生人的聚会更能让人放松。”孙欣说，在这些完全由陌生人组织的活动里，大家反而能够敞开心扉，工作中的压力、生活上的麻烦、业务上的趣事全都可以拿来“八卦”，反正大家互不相识，聚在一起时热热闹闹，分开后毫不相干。

这些城市新人类正在寻求一种新方式摆脱寂寞心情。类似于此的交往形式在现代社会越来越普遍，它与快速的都市生活和工作节奏相适应，这样的交往方式不存在竞争关系，可以很轻松，所以越来越受到大家的欢迎。

不得不说，现代人更重视内心的需求，朋友交往，首先就要真诚，但是对友情的投资也不是一件很简单的事情，我们得掌握好其中的度，同时还应该避免犯一些错误，免得自己出力不讨好，甚至有可能得到适得其反的效果。所以在做友情投资的时候，我们应该避免进入几个雷区。

首先，就是真诚，朋友之间的关系应该是真诚的，而不是别有所图的，就算是为了以后寻求帮忙，你们之间在一开始交往的时候也不应该带有很强的功利性，这样的做法很容易被对方拒之千里之外。

所以不管是出于什么样的交友目的，首先应该表示的就是自己的真诚，真诚是打动人心最有力的武器，就算是一个铁石心肠的人，也会被真心所感化。

其次，懂得人际间的相互作用。人与人之间的感情是相互的，自己喜欢和那些亲近自己的人交往，同时对方也是这样的感觉，一个给人感觉很生疏的人，是不会交到多少知心好友的。朋友之间是需要互相欣赏的，不是口头上说说就完的。既然选择好了自己的朋友就应该看得见朋友的进步，而不是一直贬低自己的朋友，这样的话，是得不到朋友的真心的，就算朋友口头上不说出对你的反感，但内心是想要远离你的。

最后，朋友之间的感情是用钱买不到的，同样也不是用钱就能衡量出来的。真心朋友之间是经得起风雨洗礼的，一个整天期望朋友为自己做事情，抱着某些目的的人，就算自己隐藏得再好，对方也是能感觉到的。朋友之间应该互相关心、互相帮助，患难之中见真情，这句话一直被奉为真理考验着朋友的真情。对朋友的关心不是口头上的祝福，说说而已的赞美，而是应该体现在生活细节中，困难时向对方伸出的一双手，彷徨时的内心倾吐，失意时的鼓励话语，这些所给予对方的不仅是朋友之间的友情，还有自己发自内心的真情。

对朋友的关心和照顾要有个度，在适当的度内，朋友体会到的是你的关心，对于你的帮助，他内心会满怀感激。超过这个度，朋友就会觉得对你的人情债他已经还不起，甚至是自己有心要还，可是自己的能力已经达不到，这时候他内心就会对你的付出非常麻木。

临时抱佛脚，遇到困难才想到自己朋友的人，就算是朋友想帮你，自己也会觉得自己太过功利。如果朋友心地善良，说不定会帮你，假如朋友觉得你这样的人不可交，就算他的实力可以帮你做成这件事，他也未必会帮你。朋友做到这个份上，还有什么话说，就算是称为朋友，也已经是空有其名。

既然你有亲密的朋友，就应该努力维护好现在的友情，不要等友情已经逝去的时候，空留遗憾在心中。朋友之间的感情，是细水长流的，人生在世，能交到几个知心的朋友很不容易，外面的世界很残酷，就算外面的世界不接纳自己，真心的朋友也会尽自己最大的力量保护你，他们是你人生中的保护港，外面的雨再大，有他们在，自己不会受到雨淋。

所以，我们在碰到知心朋友的时候，一定要努力维护好朋友之间的关系。友情的投资是需要持之以恒的，不要让时间冲淡你们之间的真情。

勇敢地精简你的朋友圈

俗话说：多一个朋友多一条路。很多时候，可以把心中不愉快的事向朋友倾诉，办不到的事朋友能竭诚相助。当然，我们不能盲目地结交朋友，我们在结交朋友时，除了要远离那些不良朋友外，还需要做到要有一定的目的性，对于周围交往的人，需要区别对待，因为朋友在真不在多，我们也不必花大把的时间和精力浪费在不必要的人际关系上。

聪明、会交际的人知道什么是广结善缘，发现人生路途上的“朋友”，因为真正的“朋友”是需要我们从众多带有假象的人脉资源库中挖掘的。

那么，到底什么样的人才是我们真正的朋友呢?

1.真正的朋友不会见利忘义

真正的朋友不会因为一点私利，就把朋友的情谊抛开。真正的朋友不会有私心，他会在你需要帮助的时候，不顾一切地对你呵护，他会一直对你忠诚，不会因为你暂时的不顺利，而把你忘掉。

2.敢于说真话的人才是真朋友

我们知道，有时候交朋友也是一件很难的事，人与人之间的距离好像很远。一些尔虞我诈的事例不得不让自己多设置一道防线。中国文化中，交友之道的精神在于“规过劝善”，这是朋友的价值，批评和自我批评，有错误相互纠正谅解，彼此共同改掉毛病或缺点，互相学习勉励，共同发展，这就是真朋友。

因此，我们不太可能对所有朋友一视同仁，不要把精力和信任放在酒肉朋友上，应该花费大部分时间与精力在那些最重要、最牢靠、对我们的人生最有影响的朋友身上。只有不断地认识那些能够改变或帮助你的人，才是真的结善缘，相反，对于那些没有用的人际关系，我们宁愿独处也不可浪费精力。

总之，我们需要记住的是，我们不可能有“三头六臂”，无法迎接所有人，但选择与什么样的人交往，我们却是有自主权的。只有那些品性良好的益友，才会在关键时刻与我们患难与共，才是我们生命中的贵人，他们不会有过多美妙的语言，有时候，他们只知道批评、指责你，他说的都是你不喜欢听的话，你自认为得意的事向他说，他偏偏泼你冷水，你满腹的理想、计划对他说，他却毫不留情地指出其中的问题，有时甚至不分青红皂白地就把你做人做事的缺点数说一顿……反正，从他嘴里听不到一句好话。但这样的人，才是我们的人生导师。

但还有一种人，他们说话做事 都会尽量不得罪人，宁可说好听的话让人高兴，也不说难听的话让人讨厌。其实这样的人，根本没有尽到做朋友的义务，明明知道你有缺点而不去说，甚至有时候，更是别有居心。这种朋友就算不害你，对你也没有任何好处，你大可不必浪费时间和这样的人交往。

所以，按照以上这些原则，你可以勇敢地精简你的朋友圈。

参考文献

[1]卡夫卡，海明威.孤独，一个人的狂欢[M].南京：江苏凤凰文艺出版社，2017.

[2]周宏翔.当我开始与世界独处[M].天津：百花文艺出版社，2017.

[3]闫瑞.独处的艺术[M].海口：南海出版公司，2016.

[4]乔纳森・弗兰岑.如何独处[M].洪世民，译.海口：南海出版公司，2015.